冶金固废资源利用新技术丛书

不锈钢酸洗污泥资源化利用

李小明　邢相栋　吕　明　著

北　京
冶　金　工　业　出　版　社
2020

内 容 提 要

本书简要介绍不锈钢的用途、分类、标准和生产工艺，不锈钢酸洗工艺及污泥的产生、成分、形貌及理化性能，以及不锈钢酸洗污泥处置技术现状等。基于污泥在冶金企业循环利用的技术思路，着重介绍酸洗污泥作为烧结配料的基础特性及烧结平衡相特性，作为电炉造渣料及氩氧精炼炉渣料的可行性，以及酸洗污泥焙烧脱硫热力学、动力学和污泥配加高炉除尘灰脱硫效果等。

本书可供高校冶金工程、资源工程专业师生以及从事冶金固废治理的科研人员和工程技术人员参考阅读。

图书在版编目(CIP)数据

不锈钢酸洗污泥资源化利用/李小明，邢相栋，吕明著．—北京：冶金工业出版社，2020.3
(冶金固废资源利用新技术丛书)
ISBN 978-7-5024-8373-9

Ⅰ.①不… Ⅱ.①李… ②邢… ③吕… Ⅲ.①不锈钢—酸性废水—污泥利用 Ⅳ.①X703

中国版本图书馆 CIP 数据核字（2020）第 003171 号

出 版 人　陈玉千
地　　址　北京市东城区嵩祝院北巷 39 号　邮编　100009　电话　(010)64027926
网　　址　www.cnmip.com.cn　电子信箱　yjcbs@cnmip.com.cn
责任编辑　曾　媛　美术编辑　郑小利　版式设计　孙跃红
责任校对　王永欣　责任印制　李玉山
ISBN 978-7-5024-8373-9
冶金工业出版社出版发行；各地新华书店经销；三河市双峰印刷装订有限公司印刷
2020 年 3 月第 1 版，2020 年 3 月第 1 次印刷
169mm×239mm；9.75 印张；190 千字；148 页
69.00 元

冶金工业出版社　投稿电话　(010)64027932　投稿信箱　tougao@cnmip.com.cn
冶金工业出版社营销中心　电话　(010)64044283　传真　(010)64027893
冶金工业出版社天猫旗舰店　yjgycbs.tmall.com

(本书如有印装质量问题，本社营销中心负责退换)

前　言

不锈钢因其良好的耐蚀性、表面质量和使用性能等，广泛应用于经济和社会生活的各个领域，其生产和消费是一个国家社会发展水平的重要标志之一。

不锈钢在冶炼和轧制等过程中易形成氧化皮，其存在给拉拔和产品性能带来不利影响，加工后的不锈钢通常都需进行酸洗以去除氧化皮，并对表面进行钝化。酸洗产生的废水具有成分复杂、酸度大、有害物质（Cr^{6+}、T. Cr、Ni^{2+}、F^-等）含量超标、环境危害大等特点，当前普遍采用化学还原沉淀法处理，处理后产出酸洗污泥。

酸洗污泥中有价金属（Fe、Cr、Ni）含量较高，并含有一定量的CaF_2和CaO，污泥的生成率约为不锈钢产量的2.5%~3.0%，我国年产出量在75万吨以上，是重要的二次资源。

基于将酸洗污泥中有价元素的回收利用与含铬、氟的固体废弃物脱毒，以及熔剂成分的综合利用相结合，在冶金企业闭路循环的利用思路，在国家自然科学基金资助下，系统研究了不锈钢酸洗污泥的特征，以及在冶金不同工序资源化利用的热力学、动力学条件和技术参数。

本书共分7章。第1章为绪论，概述了不锈钢的用途、分类、标准和生产工艺。第2章为不锈钢酸洗污泥的理化性能，简要介绍了不锈钢酸洗工艺及污泥的产生，着重阐述了4家典型不锈钢污泥的成分、形貌及物化性能。第3章为不锈钢酸洗污泥处置技术现状，介绍了不锈钢酸洗污泥的无害化、固化稳定化及资源化利用技术。基于污泥在冶金企业循环利用的技术思路，从第4章起，分别介绍了污泥用作烧结原料、电炉渣料和氩氧精炼炉渣料以及污泥脱硫的研究成果。第4

章为不锈钢酸洗污泥作为烧结配料利用，着重介绍了酸洗污泥作为烧结配料的基础特性及烧结平衡相特性。第 5 章为不锈钢酸洗污泥作为炼钢造渣剂利用，着重介绍了酸洗污泥作为电炉造渣料在不同冶炼条件下的热力学及实验研究结果；酸洗污泥用作氩氧精炼炉渣料时的钢水硫含量变化，并在简化的实验条件下，研究了酸洗污泥在不同时期加入时对钢水质量的影响。第 6 章为不锈钢酸洗污泥脱硫预处理热力学及动力学，主要介绍了酸洗污泥焙烧脱硫热力学、动力学、污泥脱硫机理，以及污泥配加高炉除尘灰的脱硫效果。第 7 章为全书主要成果总结及研究展望。

本书的出版得到国家自然科学基金（51574189）的资助，特此感谢！

由于作者水平所限，书中不妥或疏漏之处在所难免，敬请读者批评指正。

著　者
2019 年 11 月

目　　录

1 不锈钢概论

不锈钢是指耐空气、蒸汽、水等弱腐蚀介质和酸、碱、盐等化学浸蚀性介质腐蚀的钢，其典型特征是不锈、耐蚀，其耐蚀性取决于钢中所含的合金元素。铬是使不锈钢获得耐蚀性的基本元素，当钢中含铬量达到12%左右时，铬与腐蚀介质中的氧作用，在钢表面形成一层很薄的自钝化氧化膜，可阻止钢的基体进一步腐蚀。除铬外，常用的合金元素还有镍、钼、钛、铌、铜、氮等，以满足各种用途对不锈钢组织和性能的要求。

2013~2018 年，全球不锈钢产量从 3850.6 万吨增长到了 5072.9 万吨，年均复合增长率为 5.7%，2018 年中国不锈钢粗钢产量为 2671 万吨，占全球粗钢产量份额的 52.6%[1]。

1.1 不锈钢用途

不锈钢因其良好的耐腐蚀性、可加工性、表面美观、综合力学性能优良、使用寿命长、可以 100%回收利用等特点，在建筑装饰、交通运输、航空航天、石油化工、能源发电、食品加工、环保、医疗以及家电厨具等国民经济和社会生活领域中得到广泛应用。

发达国家不锈钢消费以建筑结构、家电、工业为主，工业设施利用的不锈钢比例为 15%~20%，中等发达国家以运输、管线为主，发展中国家则以器皿为主。家电行业是中国不锈钢应用的大市场，不锈钢在水工业、建筑与结构业、环保工业、工业设施中的需求逐年上升。图 1-1 所示为 2017 年中国不锈钢行业需求情况，其中餐具、白色家电领域不锈钢消费占比约 45%、建筑装饰 19%、制造业 16%、化工能源 12%、交通运输约 7%[2]。

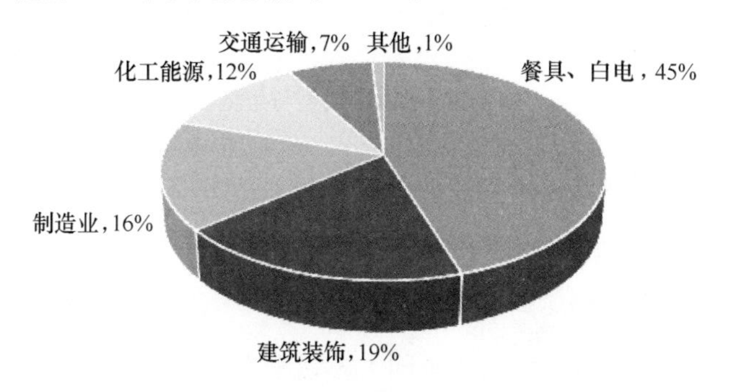

图 1-1 2017 年中国不锈钢行业需求情况

不锈钢在社会发展和生活消费中发挥着越来越重要的作用，不锈钢的生产水平和消费量是一个国家综合国力的标志，也是钢铁工业发展水平的标志。

1.2　不锈钢分类

不锈钢的种类很多，在 GB/T 20878—2007 标准中就有 140 多种，在实际生活中有 200 多种（为了新旧牌号对接，旧牌号的某些钢种在新标准中没有体现，以下正文中采用旧牌号表示，并在 1.3.1 节介绍了新牌号标准，在 1.3.3 节列出了典型不锈钢新旧标准对照，以及国内外牌号对照供参考）。不锈钢的牌号、成分、性能各不相同，通常按钢中的主要化学成分和组织结构来进行分类，以及二者相结合的方法来进行分类，如图 1-2 所示[3]。

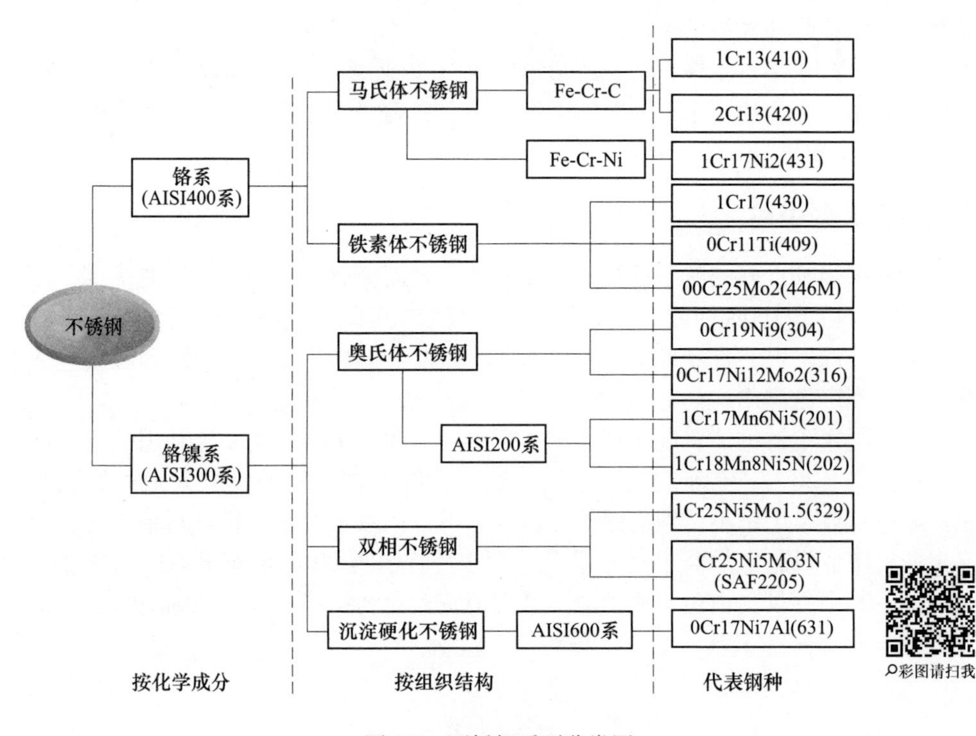

图 1-2　不锈钢系列分类图

其中，铬系不锈钢的发展如图 1-3 所示，镍铬系不锈钢的发展如图 1-4 所示[3]。

1.2.1　按化学成分分类

按钢中主要成分或特征元素的不同，不锈钢大致可分为铬不锈钢、铬镍不锈钢、铬镍钼不锈钢、铬镍锰不锈钢、高氮不锈钢和高钼不锈钢等。

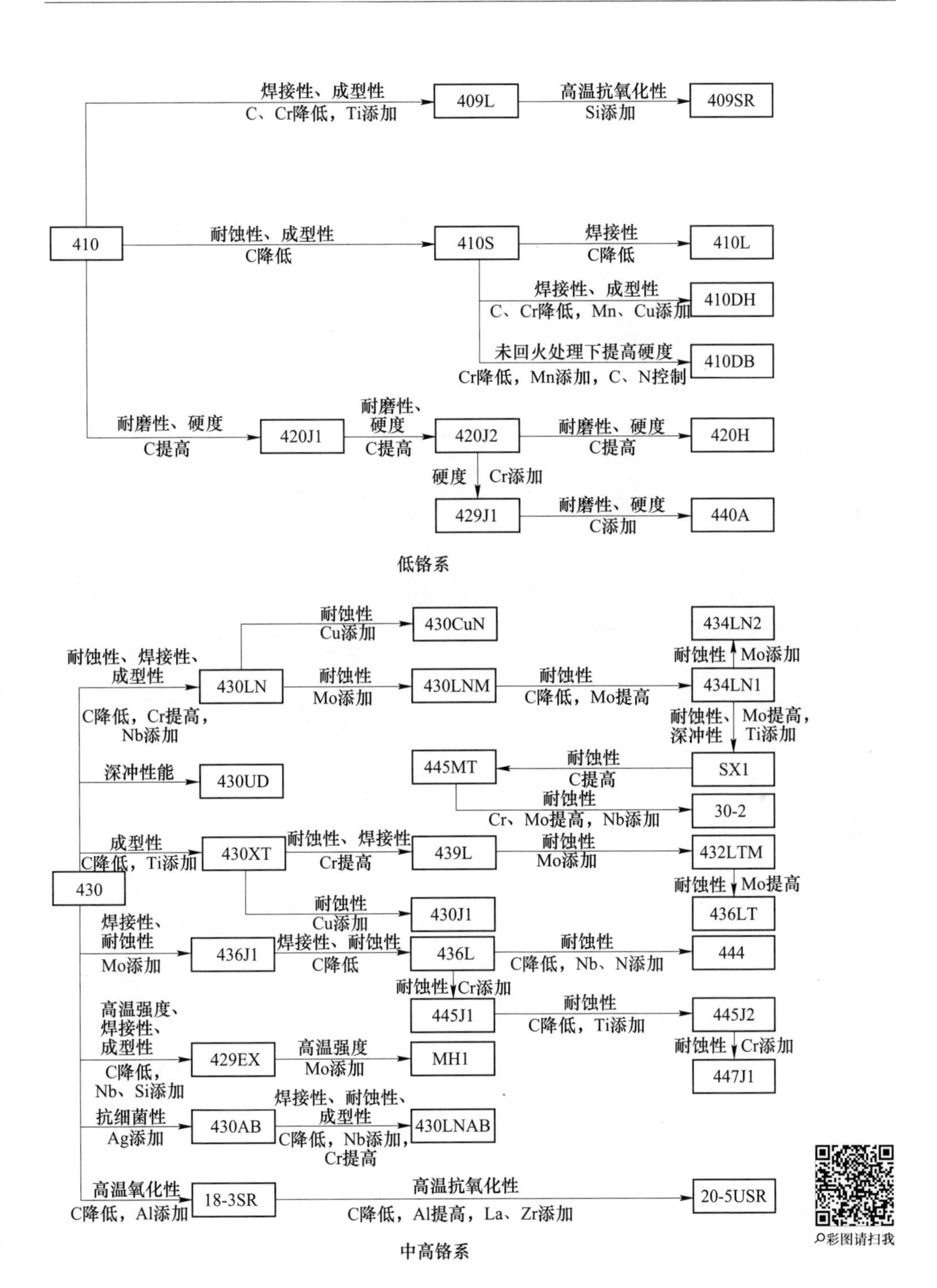

图 1-3 铬系不锈钢的发展简图

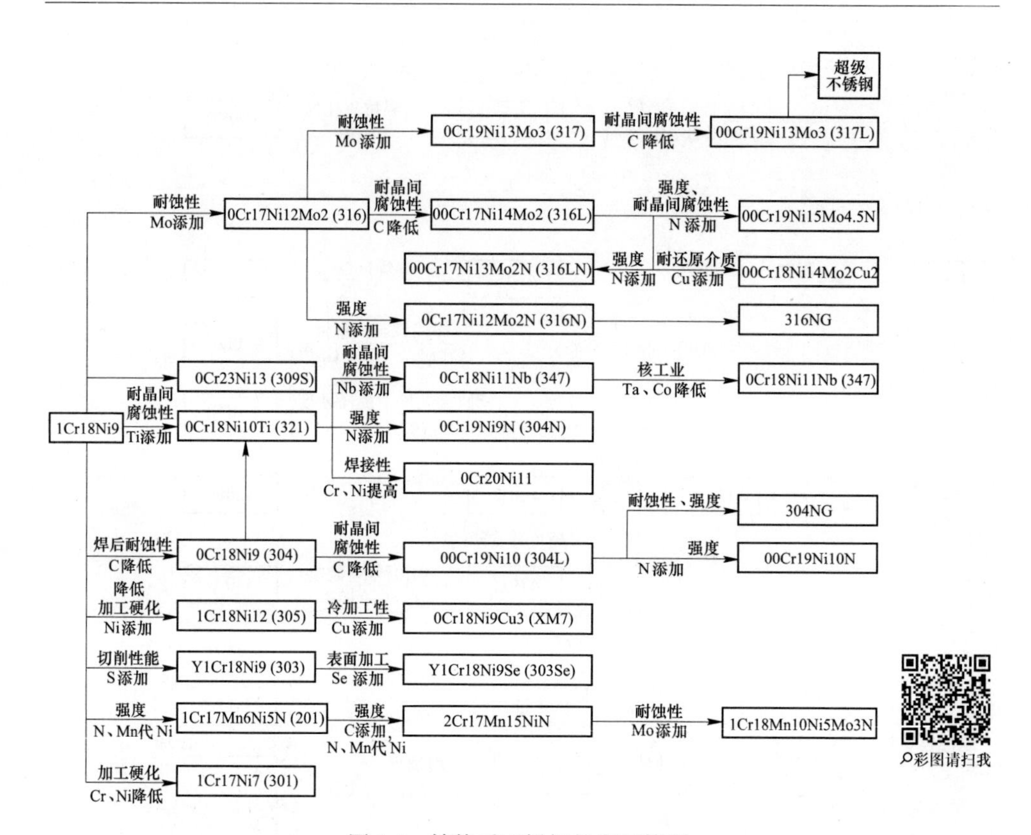

图 1-4　镍铬系不锈钢的发展简图

1.2.2　按组织结构分类

钢的组织结构是指钢的晶体结构和钢的显微组织的特征。不锈钢按组织结构可分为铁素体不锈钢、奥氏体不锈钢、马氏体不锈钢、双相不锈钢和沉淀硬化不锈钢五大类。

铁素体不锈钢常温组织为体心立方结构的铁素体组织，有磁性。作为一种不含镍的铬系不锈钢，具有含镍不锈钢所具有的成型性、耐腐蚀性、抗氧化性等性能，成本低、耐应力腐蚀性能优异，被称为经济型不锈钢。不锈钢用作普通用途时，首选铁素体不锈钢系列。

铁素体不锈钢按钢中的铬含量分为低铬（11%~13%Cr）、中铬（18%Cr）和高铬（25%~30%Cr）三种类型。铁素体不锈钢工业牌号主要为碳含量小于0.15%、铬含量13%左右的铁铬合金不锈钢和碳含量小于0.08%、铬含量17%左右铁铬合金不锈钢，并以此为基础，开发出了多种各具特色的钢种。含22%Cr和1.5%Mo的超级铁素体不锈钢的耐腐蚀性可以和316奥氏体不锈钢相媲美，而铬含量更高的超级铁素体不锈钢的耐腐蚀性能更好。由于超级铁素体不锈钢材料具有独特的性能和节约贵重的镍资源等特点，已被广泛应用于工业和民用领域，如铁路车辆、汽车、化工、制碱、厨房设备、市政设施等。超级铁素体不锈钢材料是海岸附近建筑物等屋顶和外墙的首选材料，原因是其有较高的耐腐蚀性能，相比奥氏体不锈钢具有较低的热膨胀系数。典型牌号有 00Cr12、1Cr17、00Cr17Mo、00Cr30Mo2 等。

奥氏体不锈钢室温结构为面心立方结构的奥氏体组织，易加工成型，无磁性。奥氏体不锈钢含铬大于18%，还含有8%左右的镍及少量钼、钛、氮等元素，综合性能好，可耐多种介质腐蚀。奥氏体不锈钢可分为 Cr-Ni 系不锈钢（AISI300）和 Cr-Mn 系不锈钢（AISI200）两大类，主要取决于添加的占主导地位的合金元素 Ni 和 Mn 的数量，其中 Cr-Ni 系不锈钢占世界不锈钢产量的 2/3。典型牌号有 1Cr18Ni9Ti、0Cr18Ni9、00Cr17Ni14Mo2 等。

马氏体不锈钢基体为马氏体组织，有磁性，强度高，但塑性和可焊性较差。马氏体不锈钢作为刀具、涡轮叶片或易切削钢用途很是出色。包括碳含量在 0.05%~0.45%的各种 Cr13 型不锈钢。除碳含量小于 0.10%者外，高温时都是单相奥氏体，淬火后得到马氏体组织。碳含量小于 0.10% 的 06Cr13 钢以及 14Cr17Ni2 钢，在高温时为 $\gamma+\delta$，淬火后为马氏体+δ 铁素体的复相组织，习惯上也将它们归属于马氏体不锈钢类。此外，高碳的不锈轴承钢 95Cr18 也属此类。典型牌号有 1Cr13、2Cr13、3Cr13、1Cr17Ni2 等。

超级马氏体不锈钢是“超级钢材”家族的新成员。超级马氏体不锈钢具有极低的碳含量（≤0.03%）和马氏体结构，与传统的马氏体不锈钢（1Cr13、2Cr13、1Cr17Ni2）相比，强度水平高，塑性良好，低温韧性和可焊接性得到很大改善，且在许多用途中有足够的耐腐蚀性。按钢中的铬含量不同，超级马氏体不锈钢可分为 13Cr 型和 16Cr 型，以及含氮的超级马氏体不锈钢，典型代表钢号为 3Cr15Mo1N。

双相不锈钢（奥氏体+铁素体）兼有奥氏体和铁素体不锈钢的优点，并具有超塑性。在此类钢中，如果称为奥氏体+铁素体双相钢，则是奥氏体相对量多；如果称为铁素体+奥氏体双相钢，则是铁素体的相对量多，如 12Cr21Ni5Ti、022Cr19Ni5Mo3Si2 等双相钢，其中 δ 铁素体的量达 50%~70%。双相不锈钢性能优良，成本低，其应用领域已经扩大到油气业、石化业、运输业、造纸业、食品业、建筑业以及海水淡化和污染控制设备等。在许多用途中，含有 22%Cr、5%Ni 和 3%Mo 的双相不锈钢 2205 已经替代了一些奥氏体不锈钢，如 317L 和较高镍含量的 904L 等。

沉淀硬化不锈钢，或者具有马氏体+铁素体的基体再加金属化合物强化相的组织，或者是马氏体加金属化合物强化相的组织，如 07Cr17Ni7Al、09Cr17Ni5Mo3N 等钢。沉淀硬化不锈钢常用于核电宇航等工业，主要特点是具有超高强度。一般按其组织形态可分为沉淀硬化马氏体不锈钢、沉淀硬化半奥氏体不锈钢、沉淀硬化奥氏体不锈钢。

各类不锈钢的性能特点见表1-1，物理性能见表1-2，典型钢种的特性及用途见表1-3[3]。

表1-1　各类不锈钢的性能特点

特性		马氏体	铁素体	奥氏体	双相	沉淀硬化
耐蚀性	不锈性	中/差	优	优	优	优
	耐全面腐蚀	良/中	优/中	优/良	优	良/中
	耐点蚀、缝隙腐蚀性	中/差	优/中	优/良	优/良	中/差
	耐应力腐蚀性	中/差	优	差/良	优	中/差
耐热性	高温强度	优	中	优	中	优/良
	抗氧化性、抗硫化性	中	优/中	良/差	良	良/中
	热疲劳性	良	良	良	良	良
焊接性 冷加工	焊接性	中/差	良/中	优	优	中
	深冲性能	中/差	优	优	中	中/差
	深拉性能	中/差	良	优	中	中/差
	易切削性	良	良	中/良	良	中
强度 塑性 韧性	室温强度	优	良	良	优	优
	室温塑性、韧性	良/差	良	优	优	良/中
	低温韧性、塑性	良/差	良/差	优	良	中/差/良
其他	磁性	有	有	无	有	有/无
	导热性	良	优	差	良	良/差
	线膨胀系数	小	小	大	中	中/差

注：凡是有几种不同评定时，则是随钢中化学成分的不同而有所不同。

表1-2　各类不锈钢的物理性能

钢种	密度 /g·cm^{-3}	线膨胀系数（20~200℃） /(cm·cm^{-1})·℃$^{-1}$	导热率（20℃） /W·(m·K)$^{-1}$	比热容（20℃） /J·(kg·K)$^{-1}$	电阻系数 (20℃)/Ω·cm
马氏体不锈钢	7.7	10.5×10^{-6}	30	460	0.55
铁素体不锈钢	7.7	10×10^{-6}	25	460	0.60
奥氏体不锈钢	7.93	16×10^{-6}	15	500	0.73
双相钢不锈钢	7.8	13×10^{-6}	15	500	0.80
碳钢	7.85	11×10^{-6}	50	502	0.17

表 1-3 典型钢种的性能及用途

钢号		特 性	用 途
奥氏体不锈钢	301 17Cr-7Ni-低 C	Cr、Ni 含量低于 304，通过冷轧加工后强度及硬度提高，冷轧后带有一定磁性	列车、航空器、车辆、弹簧
	301L 17Cr-7Ni-0.1N-低 C	在 301 的基础上降低 C 的含量，改善了晶间腐蚀；添加 N，弥补 C 含量降低而引起的强度下降	列车车辆结构及外部装饰
	304 18Cr-8Ni	用途广泛，具有良好的耐蚀性、耐热性、低温强度和力学性能，冲压弯曲等热加工性好，无热处理硬化现象，无磁性	家庭用品、橱柜、室内管线、热水器、锅炉、浴缸、汽车配件、医疗器具、建材、化学、食品工业、农业、船舶部件
	304L 18Cr-8Ni-低 C	碳含量比 304 低，耐晶间腐蚀性能优越，用于焊接后难以进行热处理的部件类	需要较高耐腐蚀性的化学、煤炭、石油产业部门的设备、建筑材料、耐热部件和难以进行热处理的部件
	304Cu 13Cr-7.7Ni-2Cu	由于加入 Cu，改善了成型性，有利于深加工，特别是深冲加工	家庭用品、暖瓶、水槽、浴槽
	304N1 18Cr-8Ni-N	在 304 钢的基础上，减少了 S、Mn 含量，添加 N 元素，防止塑性降低，提高强度，减少钢材厚度	构件、路灯、贮水罐、水管
	304N2 18Cr-8Ni-N	与 304 相比，添加了 N、Nb，为结构件用的高强度钢	构件、路灯、贮水罐
	316 18Cr-12Ni-2.5Mo	因添加 Mo，比 304 更耐海水和其他溶剂腐蚀，高温强度特别好，可在苛刻的条件下使用，加工硬化性好，无磁性	海水、化学、染料、造纸、草酸、肥料生产设备、照相、食品工业、沿海设施
	316L 18Cr-12Ni-2.5Mo-低 C	碳含量比 316 低，耐晶间腐蚀性比 316 好，高温强度稍差，可在苛刻的条件下使用，加工硬化性好，无磁性	海水用设备、化学、染料、造纸、草酸、肥料生产设备、照相、食品工业、沿海设施，特别适用于机械及化工工业设备
	321 18Cr-9Ni-Ti	添加 Ti，耐晶间腐蚀性好、耐热性，高温强度及高温抗氧化性良好，加工性、焊接性能良好，不推荐用于表面装饰件	耐热材料，汽车、飞行器排气管管路，锅炉炉盖、管道，化学装置、热交换器、喷气发动机、高压锅
铁素体不锈钢	409L 11.3Cr-0.17Ti-低 C、N	因添加 Ti 元素，加工性能、焊接性能良好，高温抗氧化性能良好，能够承受的温度范围从室温直到 575℃	汽车排气管、热交换机、集装箱等在焊接后不热处理的产品
	410L 13Cr-低 C	在 410 钢的基础上，降低了含 C 量，其加工性，抗焊接变形，耐高温氧化性优秀；与 409L 相比，含铬高 0.5%，在常温下含有少量马氏体组织，屈服强度、硬度较高，延伸率较低；不含 Ti，与 409L 钢种相比表面质量较好，但焊接性能稍差	主要用于汽车排气系统部件、冷藏集装箱内衬、西餐刀具、餐具等。力学性能接近 430 钢种，在耐蚀性要求不高的某些场合可替代 430 使用

续表 1-3

钢号		特　性	用　途
铁素体不锈钢	430 16Cr	典型的铁素体不锈钢，热膨胀率低，成型性及耐氧化性好	耐热器具、燃烧器、家电产品、二类餐具、厨房设备、装饰物及建筑装饰品
	430J1L 18Cr-0.5Cu-Nb-低C、N	在430钢中，添加了Cu、Nb等元素；其耐蚀性、成型性、焊接性及耐高温氧化性良好	建筑外部装饰材料，汽车零件，冷热水供给设备
	436L 18Cr-1Mo-Ti、Nb、Zr-低C、N	因添加Mo、Ti及Nb，耐蚀性、加工性、焊接性能优秀，极高抗汽车尾气冷凝物性能	汽车排气管、电磁炉锅具
	439	由于Ti稳定元素的加入和C的降低，焊接后热影响区耐晶间腐蚀和点蚀的能力加强；高温氧化性能增加；耐全面腐蚀能力稍有增加	由于良好的焊接性、耐蚀性和高温氧化性，其2B、HL产品普遍应用在汽车排气管部件、电梯面板、家用电器、水槽等
	SUS444 00Cr18Mo2	因添加了Mo、Ti及Nb，其耐蚀性、加工性、焊接性能优秀，与SUS316相比应力耐蚀和点蚀性能更好	热水器、水箱、汽车排气管
马氏体不锈钢	410 13Cr-低C	作为马氏体钢的代表钢，虽然强度高，但不适合于苛酷的腐蚀环境下使用；其加工性好，依热处理面硬化（有磁性）	刀刃、机械零件、石油精炼装置、螺栓、螺母、泵杆、一类餐具（刀叉）
	420J1 13Cr-0.2C	淬火后硬度高，耐蚀性好（有磁性）	餐具（刀）、涡轮机叶片
	420J2 13Cr-0.3C	淬火后，比420J1钢硬度升高，用于高强度机械性质的部件材料	刀具、管嘴、阀门、板尺、餐具

1.2.3　按用途分类

不锈钢按用途可分为耐酸不锈钢、耐热不锈钢和低温不锈钢等。

耐酸不锈钢是指在各种强烈腐蚀介质中能耐腐蚀的钢。凡是年腐蚀速度小于0.1mm的认为是“完全耐蚀”；年腐蚀速度小于1.0mm的认为是“耐腐蚀”；年腐蚀速度大于1.0mm的认为是“不耐腐蚀”[4]。

耐热不锈钢是指在高温下具有高的抗氧化性和足够高的高温强度的不锈钢。耐热不锈钢在高温环境下长期工作时，能抗氧化并保持高的抗蠕变能力和持久强度。对高温下使用的耐热不锈钢的使用性能的基本要求有两条：一是要有足够的高温强度、高温疲劳强度以及与之相适应的塑性；二是要有足够的高温化学稳定性。此外，还应具有良好的工艺性能（如铸造、热加工、焊接、冲压等性能）以及物理性能等。

低温不锈钢是适于在0℃以下应用的合金钢。能在-196℃下使用的称为深冷钢或超低温钢[5]。低温钢应具有的性能包括：韧性-脆性转变温度低于使用温度，满足设计要求的强度，在使用温度下组织结构稳定，有良好的焊接性和加工成型性，某些特殊用途还要求极低的磁导率、冷收缩率等。低温钢按晶体点阵类型一般可分为体心立方晶格的铁素体低温钢和面心立方晶格的奥氏体低温钢两大类。

1.3 不锈钢标准

世界各国对不锈钢的牌号表示不同，主要产钢国的不锈钢牌号命名规则如下。

1.3.1 中国标准

根据GB/T 221—2008规定，中国不锈钢牌号采用化学元素符号和表示各元素含量的阿拉伯数字表示。

1.3.1.1 碳含量

一般在牌号的头部用两位或三位阿拉伯数字表示碳含量最佳控制值（以万分之几或十万分之几计）。

（1）只规定碳含量上限者，当碳含量上限不大于0.10%，以其上限的3/4表示碳含量，碳含量上限大于0.10%，以其上限的4/5表示碳含量。

例如，碳含量上限为0.08%，碳含量以06表示；碳含量上限为0.20%，碳含量以16表示；碳含量上限为0.15%，碳含量以12表示。

对超低碳不锈钢（即碳含量不大于0.030%），用三位阿拉伯数字表示碳含量最佳控制值（以十万分之几计）。

例如，碳含量上限为0.030%，其牌号中的碳含量以022表示；碳含量上限为0.020%，其牌号中的碳含量以015表示。

（2）规定上下限者，以平均碳含量×100表示。

例如碳含量为0.16%~0.25%，其牌号中的碳含量以20表示。

1.3.1.2 合金元素含量

平均合金元素含量小于1.50%时，牌号中仅标明元素，一般不标明含量；平均合金元素含量为1.5%~2.49%、2.50%~3.49%……时，相应的标明2、3……。专门用途的不锈钢，在牌号头部加上代表钢用途的代号。钢中有意加入的铌、钛、锆、氮等合金元素，虽然含量很低，也应在牌号中标出。

例如，碳含量不大于0.08%、铬含量为18.00%~20.00%、镍含量为8.00%~11.00%的不锈钢，牌号为06Cr19Ni10。

碳含量不大于 0.030%、铬含量为 16.00%~19.00%、钛含量为 0.10%~1.00%的不锈钢，牌号为 022Cr18Ti。

碳含量为 0.15%~0.25%、铬含量为 14.00%~16.00%、锰含量为 14.00%~16.00%、镍含量为 1.50%~3.00%、氮含量为 0.15%~0.30%的不锈钢，牌号为 20Cr15Mn15Ni2N。

1.3.2　美日德法英欧标准

各国不锈钢标准繁多，不一而足，本节仅简要摘录美日德法英欧标准如下[6]。

1.3.2.1　美国标准

美国牌号主要有两种牌号表示方法，即美国材料实验协会采用的统一编号系统（UNS）和美国钢铁学会标准（AISI）。

AISI：采用三位阿拉伯数字表示。第一位数字表示类别，第二、三位数字表示顺序号。

第一位数字类别：

2：Cr-Ni-Mn 系

3：Cr-Ni 系

4：Cr 系

5：低 Cr 系

6：沉淀硬化系

举例：201、304、403。

UNS：由一个前缀字母和 5 个阿拉伯数字组合表示。不锈钢前缀字母为 S，第一位数字表示类别，后四位数字表示顺序号。并且除表示类别的数字 1 以外，前三位数字代号基本上采用了 AISI 的牌号表示方法。

第一位数字类别：

1：沉淀硬化系

2：Cr-Ni-Mn 系

3：Cr-Ni 系

4：Cr 系

5：低 Cr 系

后两位数字一般为“00”，“03”表示超低碳，其他数字则用来表示主要化学成分相同而个别成分稍有差异，或含有其他特殊合金元素。

举例：S20100、S30400。

1.3.2.2 日本标准

日本工业标准（JIS）不锈钢表示方法为SUS+数字编号。

其中，S：钢，U：用途，S：不锈；数字编号基本采用美国AISI的牌号表示方法。日本独特的牌号，采用类似的AISI牌号在其后加J1、J2来表示。

举例：SUS201、SUS304。

按照钢材的形状、用途和制造方法等，当需要用代号表示时，在牌号后面加上相应的代号，如：B棒材，CB冷加工棒材，HP热轧钢板，CP冷轧钢板，HS热轧钢带，CS冷轧钢带，CSP弹簧用钢带，WR线材，Y焊接用线材，W钢丝，WP弹簧用钢丝，WS冷镦用钢丝，HA热轧角钢，CA冷轧角钢，TB钢炉及热交换器用钢管，TPY配管用电焊大口径钢管，TP配管用钢管，TPD一般配管用钢管。

1.3.2.3 德国标准

德国标准化学会（DIN）标准不锈钢牌号表示方法有两种。

字母符号表示方法如下：

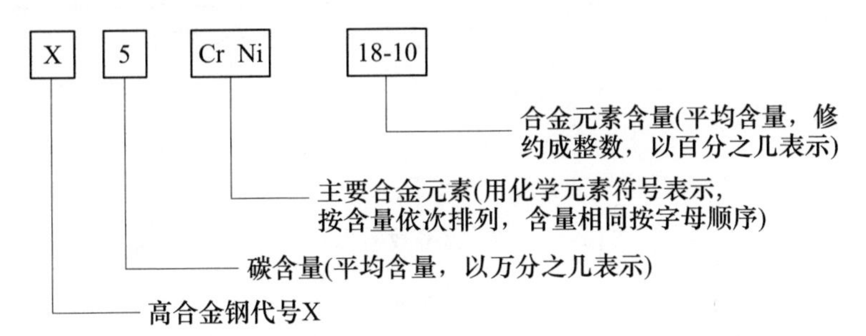

数字表示方法如下：

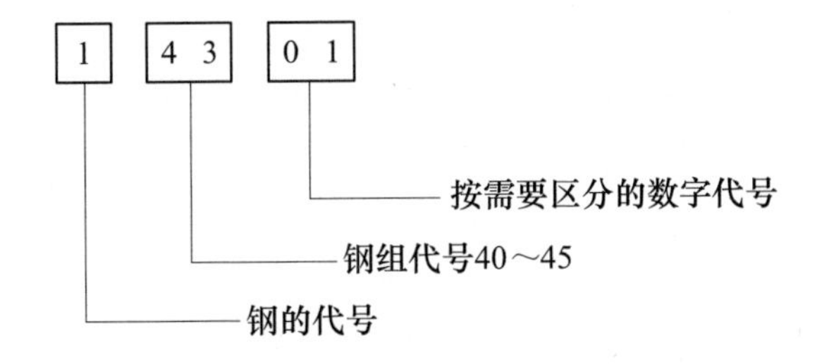

钢组代号：

40——Ni<2.5%，无Mo、Nb和Ti

41——Ni<2.5%，含Mo，无Nb和Ti

43——Ni≥2.5%，无Mo、Nb和Ti

44——Ni≥2.5%，含 Mo，无 Nb 和 Ti

45——含特殊添加元素

举例：X5CrNi18-10、1.4301、X6Cr13、1.4000。

1.3.2.4 法国标准

法国标准化协会（NF）标准不锈钢牌号表示方法如下：

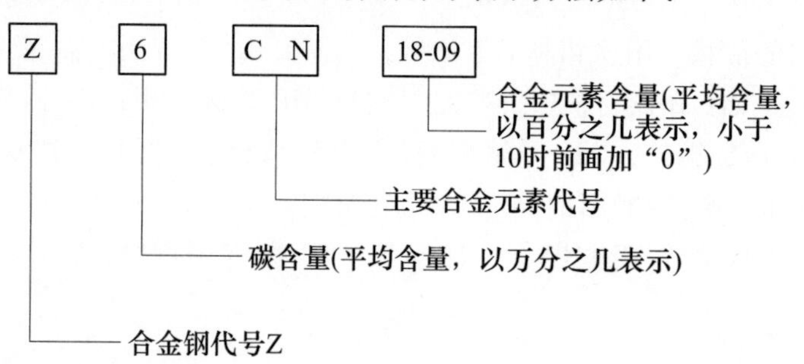

合金元素代号：

元素	Cr	Co	Mn	Ni	Si	Al	Cu	Mo	P	W	V	Ti	Nb
代号	C	K	M	N	S	A	U	D	P	W	V	T	Nb

举例：Z6CN18-09。

1.3.2.5 英国标准

英国 BS 标准不锈钢牌号表示方法如下：

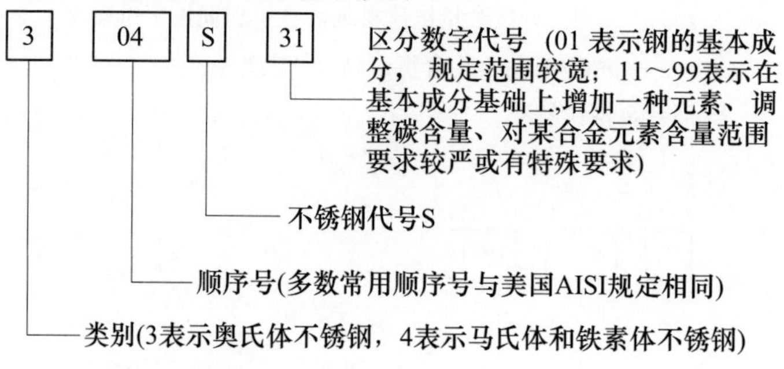

1.3.2.6 欧洲标准

欧洲标准 EN10027-1 和 EN10027-2 规定了钢的命名系统，其中不锈钢的牌号表示方法与德国 DIN 数字表示方法标准相同。

1.3.3 典型不锈钢牌号对照

主要不锈钢生产国典型不锈钢牌号对照见表 1-4[7]。

表 1-4 各国不锈钢牌号对照表

No.	中国 GB		日本	美国		韩国	欧盟	德国	印度	澳大利亚
	旧牌号	新牌号	JIS	ASTM	UNS	KS	BS EN	DIN17006/17400	IS	AS
奥氏体不锈钢										
1	1Cr17Mn6Ni5N	12Cr17Mn6Ni5N	SUS201	201	S20100	STS201	1. 4372		10Cr17Mn6Ni4N	201-2
2	1Cr18Mn8Ni5N	12Cr18Mn9Ni5N	SUS202	202	S20200	STS202	1. 4373			—
3	1Cr17Ni7	12Cr17Ni7	SUS301	301	S30100	STS301	1. 4319		10Cr17Ni7	301
4	1Cr18Ni9	12Cr18Ni9	SUS302	302	S30200	STS302	—		—	302
5	Y1Cr18Ni9		SUS303	303	S30300	STS303	—		—	303
6	Y1Cr18Ni9Se		SUS303Se	303Se	S30323	STS303Se	—		—	—
7	0Cr19Ni9		SUS304	304	S30400	STS304			07Cr18Ni9	304
8	0Cr18Ni9	06Cr19Ni10	SUS304	304	S30400	STS304	1. 4301	X5CrNi18-10	07Cr18Ni9	304
9	00Cr18Ni10		SUS304L	304L	S30403	STS304L	1. 4306	X2CrNi189	02Cr18Ni11	304L
10	00Cr19Ni10	022Cr19Ni10	SUS304L	304L	S30403	STS304L	1. 4306	X2CrNi19-11	02Cr18Ni11	304L
11	0Cr19Ni9N	06Cr19Ni10N	SUS304N1	304N	S30451	STS304N1	1. 4315		—	304N1
12	0Cr19Ni10NbN	06Cr19Ni9NbN	SUS304N2	XM21	S30452	STS304N2	—		—	304N2
13	00Cr18Ni10N	022Cr19Ni10N	SUS304LN	304LN	S30453	STS304LN	—		—	304LN
14	1Cr18Ni12	10Cr18Ni12	SUS305	305	S30500	STS305	1. 4303		—	305
15	1Cr18Ni12Ti			305						
16	0Cr23Ni13	06Cr23Ni13	SUS309S	309S	S30908	STS309S	1. 4833		—	309S
17	1Cr20Ni14Si2		SUS309S	309S	S30908	STS309S	1. 4833		—	309S
18	0Cr25Ni20	06Cr25Ni20	SUS310S	310S	S31008	STS310S	1. 4845	X12CrNi25-21	—	310S

续表 1-4

No.	中国 GB		日本	美国		韩国	欧盟	德国	印度	澳大利亚
	旧牌号	新牌号	JIS	ASTM	UNS	KS	BS EN	DIN17006/17400	IS	AS
奥氏体不锈钢										
19	1Cr25Ni20Si2		SUS310S	310						
20	0Cr17Ni12Mo2	06Cr17Ni12Mo2	SUS316	316	S31600	STS316	1. 4401	X5CrNiMo17-12-2	04Cr17Ni12Mo2	316
21	0Cr18Ni12Mo3Ti	06Cr17Ni12Mo2Ti	SUS316Ti	316Ti	S31635	—	1. 4571		04Cr17Ni12MoTi	316Ti
22	0Cr18Ni12Mo2Ti			316Ti				X15CrNiSi25		
23	00Cr17Ni14Mo2	022Cr17Ni12Mo2	SUS316L	316L	S31603	STS316L	1. 4404		02Cr17Ni12Mo2	316L
24	0Cr17Ni12Mo2N	06Cr17Ni12Mo2N	SUS316N	316N	S31651	STS316N	—		—	316N
25	00Cr17Ni13Mo2N	022Cr17Ni13Mo2N	SUS316LN	316LN	S31653	STS316LN	1. 4429		—	316LN
26	0Cr18Ni12Mo2Cu2	06Cr18Ni12Mo2Cu2	SUS316J1	—	—	STS316J1	—		—	316J1
27	00Cr18Ni14Mo2Cu2	022Cr18Ni14Mo2Cu2	SUS316J1L	—	—	STS316J1L	—		—	—
28	0Cr19Ni13Mo3	06Cr19Ni13Mo3	SUS317	317	S31700	STS317	—		—	317
29	1Cr18Ni12Mo3Ti									
30	00Cr19Ni13Mo3	022Cr19Ni13Mo3	SUS317L	317L	S31703	STS317L	1. 4438	X2CrNiMo18-16-4	—	317L
31	0Cr18Ni16Mo5		SUS317J1	—	—	STS317J1	—		—	317L
32	0Cr18Ni10Ti	06Cr18Ni11Ti	SUS321	321	S32100	STS321	1. 4541	X6CrNiTi18-10	04Cr18Ni10Ti	321
33	1Cr18Ni9Ti		SUS321	321	S32100	STS321	—	X12CrNi18-9		321
34	00Cr17Ni14Mo3									
35	0Cr18Ni9Cu3		SUSXM7	XM7	—	STSXM7	—			—

续表 1-4

No.	中国 GB		日本	美国		韩国	欧盟	德国	印度	澳大利亚
	旧牌号	新牌号	JIS	ASTM	UNS	KS	BS EN	DIN17006/17400	IS	AS
奥氏体不锈钢										
36	0Cr18Ni13Si4		SUSXM15J1	XM15	S38100	STSXM15J1	—			—
37	0Cr18Ni11Nb	06Cr18Ni11Nb	SUS347	347	S34700	STS347	1. 455	X6CrNiNb18-10	04Cr18Ni10Nb	347
奥氏体-铁素体不锈钢（双相不锈钢）										
38	0Cr26Ni5Mo2	—	SUS329J1	329	S32900	STS329J1	1. 4477		—	329J1
39	1Cr18Ni11Si4AlTi									
40	00Cr18Ni5Mo3Si2	022Cr19Ni5Mo3Si2N	SUS329J3L	—	S31803	STS329J3L	1. 4462		—	329J3L
铁素体不锈钢										
41	0Cr13Al	06Cr13Al	SUS405	405	S40500	STS405	1. 4002		04Cr13	405
42	—	022Cr11Ti	SUH409	409	S40900	STS409	1. 4512		—	409L
43	00Cr12	022Cr12	SUS410L	—	—	STS410L	—		—	410L
44	1Cr17	10Cr17	SUS430	430	S43000	STS430	1. 4016		05Cr17	430
45	YCr17		SUS430F	430F	S43020	STS430F	—			—
46	1Cr17Mo	10Cr17Mo	SUS434	434	S43400	STS434	1. 4113		—	434
47	—	022Cr18NbTi	—	—	S43940	—	1. 4509		—	439
48	00Cr30Mo2		SUS447J1	—	—	STS447J1	—			—
49	00Cr27Mo		USUSXM27	XM27	S44625	STSXM27	—			—
50	00Cr18Mo2	019Cr19Mo2NbTi	SUS444	444	S44400	STS444	1. 4521		—	444

续表 1-4

No.	中国 GB		日本	美国		韩国	欧盟	德国	印度	澳大利亚
	旧牌号	新牌号	JIS	ASTM	UNS	KS	BS EN	DIN17006/17400	IS	AS
马氏体不锈钢										
51	1Cr12	12Cr12	SUS403	403	S40300	STS403	—		—	403
52	1Cr13	12Cr13	SUS410	410	S41000	STS410	1. 4006		12Cr13	410
53	2Cr13	20Cr13	SUS420J1	420	S42000	STS420J1	1. 4021		20Cr13	420
54	3Cr13	30Cr13	SUS420J2	—	—	STS420J2	1. 4028		30Cr13	420J2
55	7Cr17	68Cr17	SUS440A	440A	S44002	STS440A	—		—	440A
56	1Cr12405		SUS403	403	S40300	STS430	—			—
57	0Cr13410		SUS405	405	S40500	SST405	04Cr13			405
58	1Cr13416Mo		SUS410J1	—	—	STS410J1	—			—
59	Y1Cr13420		SUS416	416	S41600	STS416	—			416
60	4Cr13		—	—	—	—	40Cr13			—
61	Y3Cr13		SUS420F	420F	S42000	STS420F	—			—
62	1Cr17Ni2		SUS431	431	S43100	STS431	15Cr16Ni2			431
63	8Cr17		SUS440B	440B	S44003	STS440B	—			—
64	11Cr17（9Cr18）		SUS440C	440C	S44004	STS440C	105Cr18Mo			440C
65	Y11Cr17		SUS440F	440F	S44020	STS440F	—			—

1.4　不锈钢生产工艺

不锈钢的生产工艺过程主要包括冶炼、热轧、冷轧等工艺环节，其典型生产线流程见图 1-5。

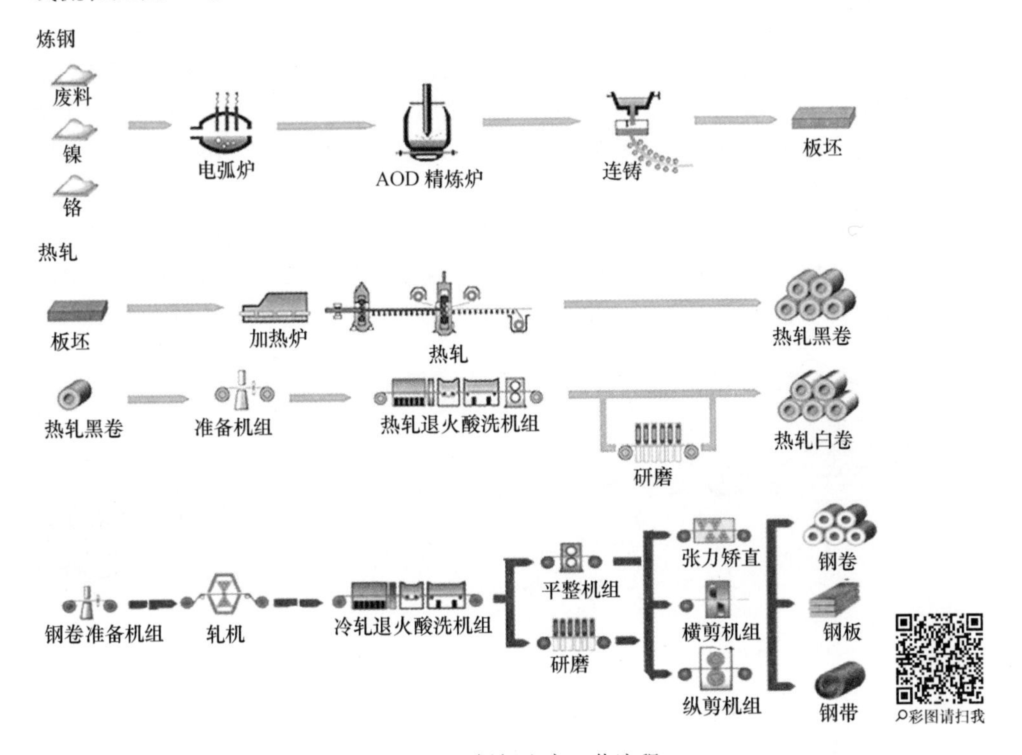

图 1-5　不锈钢生产工艺流程

1.4.1　冶炼工艺

不锈钢冶炼工艺主要有两步法和三步法，其中两步法工艺产量约占 70%，三步法工艺产量约占 20%[8]。

两步法不锈钢代表工艺路线为 EAF（电弧炉）→AOD（氩氧精炼炉），其中 EAF 主要用于熔化废钢和合金原料，生产不锈钢预熔体，不锈钢预熔体再进入到 AOD 炉中冶炼成合格的不锈钢钢水。两步法可生产除了超低碳、氮不锈钢外 95%的不锈钢品种。

三步法的基本工艺流程为：初炼炉→复吹转炉/AOD 炉→VOD（真空吹氧脱碳法）。三步法是在两步法的基础上增加了深脱碳的环节，产品质量高，氮、氢、氧和夹杂物含量低，可生产的品种范围广。

将镍铁冶炼、铬铁冶炼与 AOD、VOD、LF（钢包精炼）组合是采用红土矿冶炼镍铁的新型生产工艺，将奥氏体不锈钢的生产推进到一个新的阶段，如可采用矿热炉镍铁水直接兑入 AOD，由 AOD 独立完成初炼和精炼炉的工艺，具有成本低廉、流程短的优势。

1.4.2 轧制工艺

不锈钢热轧工艺有连续式热轧和现代炉卷轧机两种生产工艺，这两种生产工艺在粗轧机之前是相同的。钢坯在步进梁式加热炉加热，出炉钢坯经高压水除鳞后，在带有立辊的四辊可逆式粗轧机轧制 5~7 次，轧制到 30~50mm，送入热连轧精轧机组或炉卷轧机轧到成品厚度。

不锈钢热连轧生产线如图 1-6 所示，其工艺流程为：合格无缺陷连铸坯→加热炉→粗除鳞机→粗轧机组→中间保温设备→飞剪→精除鳞机→精轧机组→层流冷却→卷取机→打捆→称重→喷印。

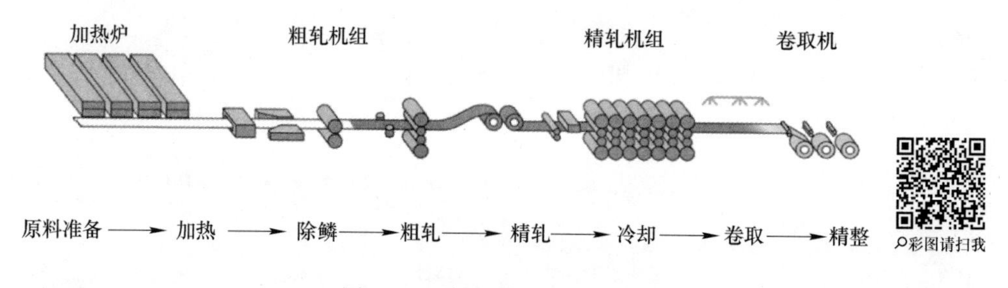

图 1-6　不锈钢热连轧工艺流程

不锈钢炉卷轧机生产线如图 1-7 所示[9]，其工艺流程为：合格无缺陷板坯→加热炉→粗除鳞机→粗轧（E1/R1）→飞剪→精除鳞机→炉卷轧机→层流冷却→卷取→打捆→称重→喷印。

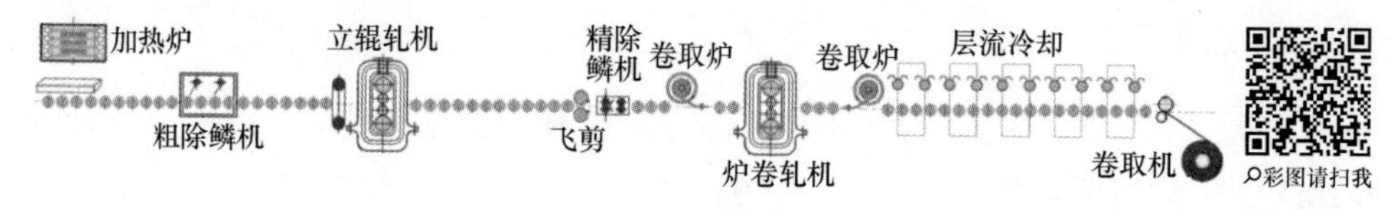

图 1-7　不锈钢炉卷轧机工艺流程

不锈钢冷轧生产线如图 1-8 所示[10]，其工艺流程为：热轧黑卷→退火→热卷连续退火酸洗→修磨→十二辊/二十辊冷轧→冷卷连续退火酸洗精磨→平整→卷曲或切割→打捆→称重→喷印。热轧来的黑卷经热酸洗退火线的六辊轧机在常温下轧制，厚度变薄，进入脱脂段去除表面的油污后，到退火炉内退火，改变内应力。利用抛丸机和酸洗除去带钢表面的鳞皮，另外对不锈钢表面进行钝化处理，提高带钢的耐蚀性。热线处理完的钢卷或是修磨过的钢卷送入十二辊/二十辊轧机轧制，使带钢厚度再度变薄。轧制出的带钢再到冷线退火炉进行再结晶退火，改善带钢表面的质量。最后由平整机组来控制带钢的延伸率及带钢表面质量。

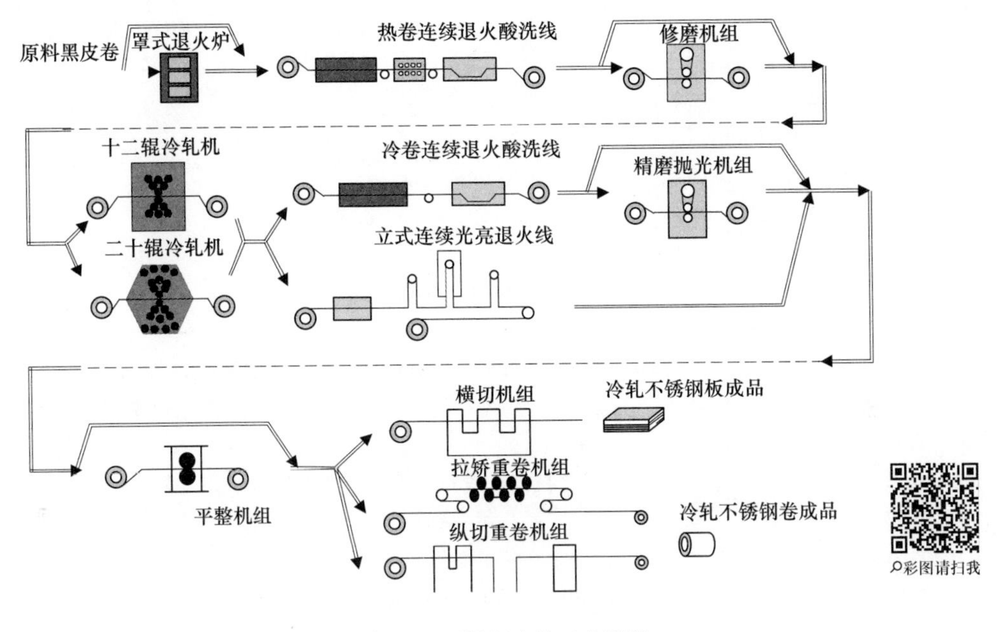

图 1-8　不锈钢冷轧工艺流程

1.5　小结

不锈钢具有良好的耐腐蚀性、可加工性，且表面美观、综合力学性能优良，广泛应用于建筑装饰、交通运输、航空航天、石油化工、能源发电、食品加工、环保、医疗以及家电厨具等国民经济和社会生活领域。发达国家不锈钢消费以建筑结构、家电、工业为主，中等发达国家以运输、管线为主，发展中国家则以器皿为主。

不锈钢按钢中主要组成成分或特征元素的不同，可分为铬不锈钢、铬镍不锈钢、铬镍钼不锈钢、铬镍锰不锈钢、高氮不锈钢和高钼不锈钢等；按组织结构可分为铁素体不锈钢、奥氏体不锈钢、马氏体不锈钢、双相不锈钢和沉淀硬化不锈钢五大类；按用途可分为耐酸不锈钢、耐热不锈钢和低温不锈钢等。

不锈钢的生产工艺过程主要包括冶炼、热轧、冷轧等环节。冶炼工艺主要有两步法、三步法及将镍铁冶炼、铬铁冶炼与氩氧精炼炉、真空吹氧脱碳法、钢包精炼组合的生产工艺等。不锈钢热轧工艺有连续式热轧和现代炉卷轧机两种生产工艺。不锈钢冷轧工艺主要包括冷轧及酸洗、退火工艺等。

参考文献

[1] 2019 年中国不锈钢行业供需现状及竞争格局　行业集中度不断提升 [EB/OL]. https://www.jinricaijing.net/108202.html.

[2] 2019 年中国不锈钢行业供需现状：产量持续增长　下游需求不断扩大 [EB/OL]. http://free.chinabaogao.com/yejin/201904/042941T492019.html.

[3] 宝钢不锈钢生产工艺概述 [EB/OL]. https://wenku.baidu.com/view/d686309780c758f5f61fb7360b4c2e3f57272581.html.

[4] 什么是不锈钢? [EB/OL]. http://www.hzxmbxg.com/a/smsbxg-.html.

[5] 低温钢 [EB/OL]. https://baike.so.com/doc/6448431-6662114.html.

[6] 各国不锈钢牌号表示方法 [EB/OL]. https://wenku.baidu.com/view/9e4d3924bcd126fff7050bcd.html.

[7] 各国不锈钢牌号及密度对照表 [EB/OL]. https://wenku.baidu.com/view/43ca847f42323968011ca300a6c30c225901f0db.html.

[8] 周建男，周天时. 利用红土镍矿冶炼镍铁合金及不锈钢 [M]. 北京：化学工业出版社，2016.

[9] 马博，赵华国，孙韶辉，等. 炉卷轧机生产线布置型式及工艺特点分析 [J]. 一重技术，2013 (5)：6-11.

[10] 不锈钢生产工艺简介 [EB/OL]. https://wenku.baidu.com/view/1790a28d964bcf84b8d57b77.html.

2 不锈钢酸洗工艺及污泥理化性能

不锈钢在冶炼、热轧、冷轧、热处理等过程中易形成黑色、黄色的氧化皮，氧化皮的存在不仅给拉拔带来困难，而且对产品的性能也会带来不利影响。为了提高不锈钢表面光洁度、光亮度，延长其使用寿命，加工后的不锈钢必须进行酸洗钝化处理。通过酸洗可以除去轧制及退火过程中在钢材表面形成的铁鳞，并对不锈钢表面进行钝化，提高耐蚀性。

2.1 不锈钢酸洗工艺及污泥产生

2.1.1 酸洗原理

酸洗质量的好坏直接影响产品表面质量，酸洗时应选取适当的酸种、酸浓度、酸洗温度及酸洗时间，保证既清除氧化皮又不过酸洗。酸洗可分为热轧材酸洗和冷轧材酸洗。

2.1.1.1 热轧材料酸洗

热轧材料可用硫酸进行酸洗，消耗酸量小、排放气体简单、酸洗速度快。

在 H_2SO_4 中酸洗时，热轧材料表面发生下列化学反应[1]：

$$Fe_3O_4 + 4H_2SO_4 = Fe_2(SO_4)_3 + FeSO_4 + 4H_2O$$

$$3CrO_3 + 4H_2SO_4 = Cr_2(SO_4)_3 + CrSO_4 + 4H_2O + 5/2O_2$$

$$NiO + H_2SO_4 = NiSO_4 + H_2O$$

硫酸酸洗之后，对钢材表面进行漂洗和刷洗，残余的氧化层和污物被清除。

2.1.1.2 冷轧材料酸洗

冷轧材料根据钢种系列不同，酸洗工艺有所不同。300 系列不锈钢通常采用中性盐电解酸洗 + 混酸（硝酸及氢氟酸）酸洗；400 系不锈钢因耐卤族酸性能较差，氢氟酸会造成酸洗后表面粗糙，使表面失去光泽，影响外观质量，因此常采用中性盐电解酸洗 + HNO_3 电解酸洗。

不锈钢硫酸钠中性盐电解酸洗及硝酸和氢氟酸的混合酸洗工艺原理如下。

不锈钢中性盐电解普遍采用 20% 硫酸钠电解除鳞，其原理是[2]：

（1）电极板表面上发生的电化学反应

$$Na_2SO_4 = 2Na^+ + SO_4^{2-}$$

阴极：

$$2Na^+ + 2e = 2Na$$

$$2Na + 2H_2O = 2NaOH + H_2$$

阳极：

$$SO_4^{2-} - 2e = SO_3 + 1/2O_2$$

$$SO_3 + H_2O = H_2SO_4$$

阴极表面上生成了 NaOH 和 H_2，而且还有电化学阴极的保护作用，材质一般采用普碳钢；阳极的表面生成硫酸，其腐蚀性强，材质可以采用碳钢衬铅或高硅铸铁。

（2）阳极区钢板表面上发生的电化学反应

$$SO_4^{2-} - 2e = SO_3 + 1/2O_2$$

$$SO_3 + H_2O = H_2SO_4$$

$$Fe_2O_3 - 6e = 2Fe^{3+} + 3/2O_2$$

$$Cr_2O_3 + 5H_2O - 6e = 2CrO_4^{2-} + 10H^+$$

$$Cr + 4H_2O - 6e = CrO_4^{2-} + 8H^+$$

钢材表面上的铁鳞主要是在阳极区去除，此时不锈钢材被作为相对阳极，其表面产生硫酸，而铁鳞发生电化学反应被溶解掉，金属基体表层上的铬原子参与电化学反应，产生贫铬层，而贫铬层在随后的酸洗中被消除掉。

（3）溶液里发生的反应

$$Fe^{3+} + 3OH^- = Fe(OH)_3$$

$$2NaOH + H_2SO_4 = Na_2SO_4 + 2H_2O$$

氧化铁鳞在阳极区发生电化学反应，产生的 Fe^{3+} 与溶液里的 OH^- 结合形成氢氧化物沉淀，需要及时被排走。沉淀物如果过多，溶液的导电性会很差，从而影响电解效率。

经过 Na_2SO_4 电解酸洗后，部分氧化层被清除，保留的氧化层以 Fe-Cr-Ni 氧化物的形式存在，它对盐酸以外的各种无机酸有耐蚀性，因此常用氢氟酸和硝酸的混合酸进行酸洗。氢氟酸能很好地溶解难溶的铁铬氧化物，并且氟离子能和反应产生的金属离子形成络合离子，从而改善不锈钢表面质量，提高酸洗液的稳定性。硝酸可与其表面的金属物质反应生成溶解性的金属盐类，还可使酸洗后的产品更加光亮。

在混合液中，35.5%的氢氟酸占2%~4%，63%的浓硝酸占10%~15%，一般在50℃以下温度进行浸泡或者浸泡并搅拌，处理时间大约20min，有时在混合液中加入0.1%~0.2%的腐蚀抑制剂[3]。

混酸酸洗的基本原理是[4]：

在酸洗槽中，HNO_3 和其表面的 Fe_2O_3、Fe、Ni、Cr 等物质反应生成溶解性的金属盐类：

$$Fe_2O_3 + 6HNO_3 \longrightarrow 2Fe(NO_3)_3 + 3H_2O$$

$$Fe + 4H^+ + NO_3^- \longrightarrow Fe^{3+} + NO + 2H_2O$$

$$Cr + 4H^+ + NO_3^- \longrightarrow Cr^{3+} + NO + 2H_2O$$

$$3Ni(\text{微量}) + 8H^+ + 2NO_3^- \longrightarrow 3Ni^{2+}(\text{微量}) + 2NO + 4H_2O$$

而 HF 则与溶液里的金属离子反应生成一些难溶或可溶的金属氟化物：

$$3HF + Fe^{3+} \longrightarrow FeF_3\downarrow + 3H^+$$

$$2HF + Fe^{3+} \longrightarrow FeF_2^+ + 2H^+$$

$$3HF + Cr^{3+} \longrightarrow CrF_3\downarrow(\text{微量}) + 3H^+$$

$$2HF + Cr^{3+} \longrightarrow CrF_2^+ + 2H^+$$

$$HF + Ni^{2+}(\text{微量}) \longrightarrow NiF^+(\text{微量}) + H^+$$

反应后在酸洗槽内存在的主要化学成分包括：

H^+、NO_3^-、HF、$Fe(NO_3)_3$、$Cr(NO_3)_3$、$Ni(NO_3)_2$、FeF_3、FeF_2^+、CrF_3、CrF_2^+、NiF^+ 等。

2.1.2 酸洗废水处理及污泥产生

不锈钢冷轧带钢酸洗机组在加入 $NaSO_4$ 进行中性盐电解酸洗时，经过一系列的反应使钢带表面生成 $Fe(OH)_3$ 沉淀，且使 Cr^{6+} 从钢板上剥离，产生含铬废水。含铬废水中含有 Cr^{6+}、Cr^{3+}。

经中性盐电解酸洗后的不锈钢带用 HF + HNO_3 进行混合酸洗，将剩余的氧化物溶解，酸洗后钢板至漂洗槽用水进行漂洗，因而连续地产生含酸废水。酸废水包括含重金属（Fe、Ni、Cr）的废水以及酸洗涤废水（H_2SO_4、HF + HNO_3）。

不锈钢酸洗废水具有成分复杂、酸度大、有害物质（Cr^{6+}、T. Cr、Ni^{2+}、F^- 等）含量超标、环境危害大等特点。

不锈钢酸洗废水处理应用最普遍的是化学还原沉淀法，即将中性盐废水经化学还原，将其中绝大部分 Cr^{6+}转化为 Cr^{3+}后，排入混酸废水调节池，通过 pH 值控制石灰投加量。在一定的 pH 值范围内，重金属离子、氟化物和石灰发生反应，产生重金属氢氧化物沉淀和氟化钙沉淀，通过投加一定量的絮凝剂，在反应澄清池完成泥水分离，经泥水分离后的废水通过最终 pH 值调节后达标外排，污泥通过浓缩和脱水，最终得到酸洗污泥，工艺流程如图 2-1 所示[5]。

2.1.2.1 宝钢两步法酸洗废水处理及污泥产生

宝钢将酸洗废水分步处理，能降低污泥产量、回收其中有价资源、杜绝污泥利用过程中潜在的二次污染，其工艺流程如图 2-2 所示[5]。中性盐废水流入调节池，经化学还原去除绝大部分 Cr^{6+}后，进入 pH 值调节池，继而进入沉淀池，向

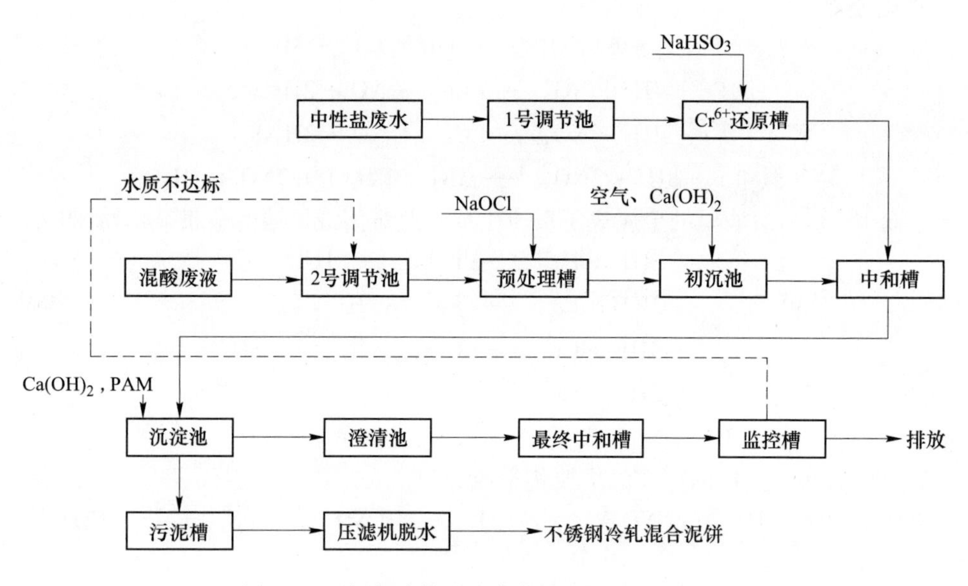

图 2-1 不锈钢冷轧酸洗废水处理的工艺流程图

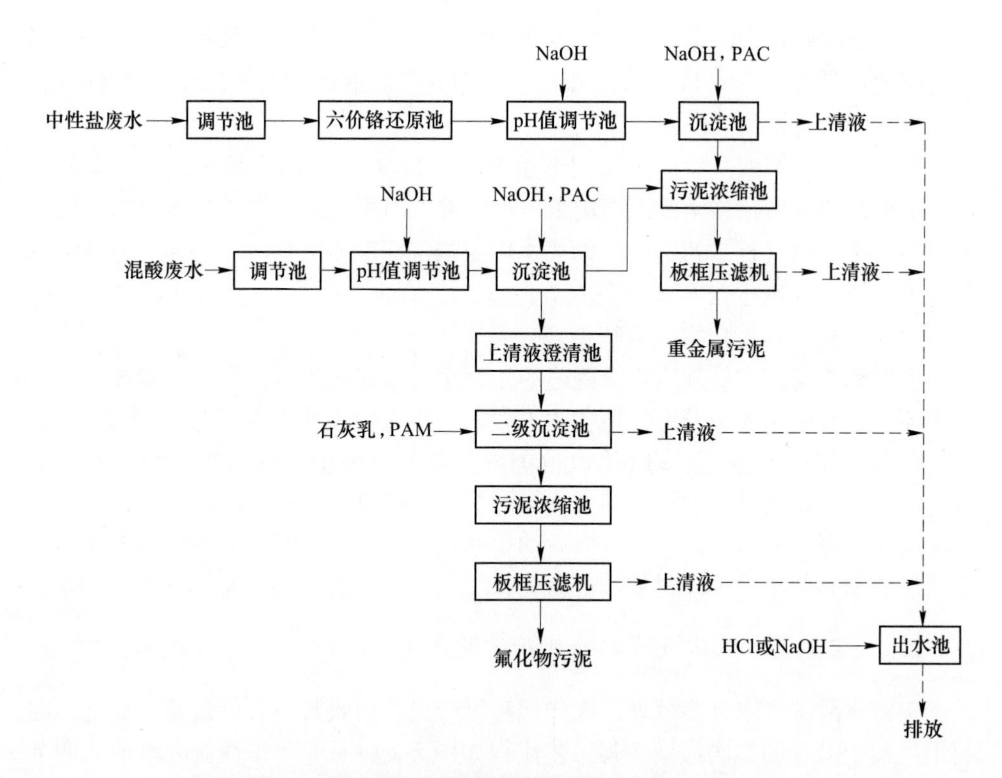

图 2-2 宝钢不锈钢冷轧废水两步法处理工艺流程

其中投加 NaOH 和 PAC（聚合氧化铝），使废水中的 Cr^{3+}、Ni^{2+}、Fe^{3+}等金属离子形成氢氧化物沉淀，上清液外排，底泥进入浓缩池；混酸废水经调节池进入沉淀池，首先向其中投加 NaOH 和 PAC，所形成的金属氢氧化物沉淀，并入上步污泥浓缩池，经板框压滤后，得到前步重金属污泥泥饼；经前步沉淀处理后，混酸废水的上清液进入澄清池、二级沉淀池，加入石灰乳和 PAM，进行氟离子沉淀，经污泥浓缩、板框压滤后形成后步钙盐污泥（以氟化钙为主，含有少量的硫酸钙）；二级沉淀池的上清液与一级沉淀池的上清液合并后，经砂滤除 SS（悬浮固体）、出水池调节 pH 值后外排。

2.1.2.2 浦项废水处理及污泥产生

酸洗机组排出的含铬废水、酸碱废水、一般废水等，经 pH 值调节、混凝、沉淀、污泥浓缩、脱水等工序后产生酸洗污泥。其含铬废水的治理过程为 Cr^{6+}→还原→Cr^{3+}→中和→$Cr(OH)_3$沉淀。还原采用 H_2SO_4 和 $NaHSO_4$，中和采用投加 $Ca(OH)_3$ 的方法。

酸废水的治理工艺为：中和→混凝沉淀→再中和→砂滤。通过加入 $Ca(OH)_2$，使水中的 Fe^{2+} 和 Fe^{3+} 生成不溶性氢氧化物 $Fe(OH)_3$、$Fe(OH)_2$ 和 CaF_2 沉淀，通过混凝沉淀有效地加以去除。具体工艺流程如图 2-3 所示[6]。

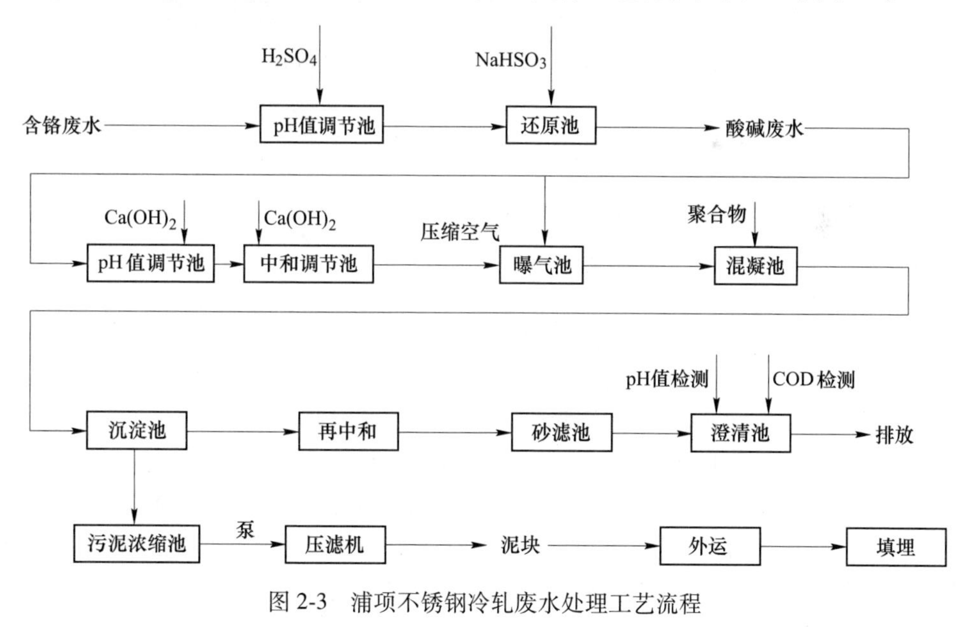

图 2-3 浦项不锈钢冷轧废水处理工艺流程

2.1.2.3 太钢废水处理及污泥产生

来自酸洗线的含铬废水通过管道送至含铬废水调节池。调节池中的废水经泵提升进入含铬废水第一还原池，在此废水投加废盐酸调节 pH 值，投加 $FeCl_2$ 作为还原剂对六价铬进行还原处理。经二级还原处理的废水和酸废水处理系统的废水合并进入一级中和池。含酸废水由管道送至稀酸废水调节池，经泵提升后进入一级中和池与来自高密度污泥罐的含有消石灰的污泥混合进行中和，然后流入二级中和曝气罐，在此废水经投加石灰乳调节 pH 值，使废水达到金属离子共沉所需的最佳 pH 值。废水在该池内充分曝气，使二价铁充分氧化成三价铁，有利于 $Fe(OH)_3$ 析出沉淀。为了增大氢氧化物絮体的颗粒，废水流入絮凝池，在此投加聚丙烯酰胺，使悬浮物絮体增大以提高其沉淀效果，然后废水流入澄清池进行沉淀。废水达标排放，污泥浓缩、压滤，外运堆存。具体工艺流程如图 2-4 所示[7]。

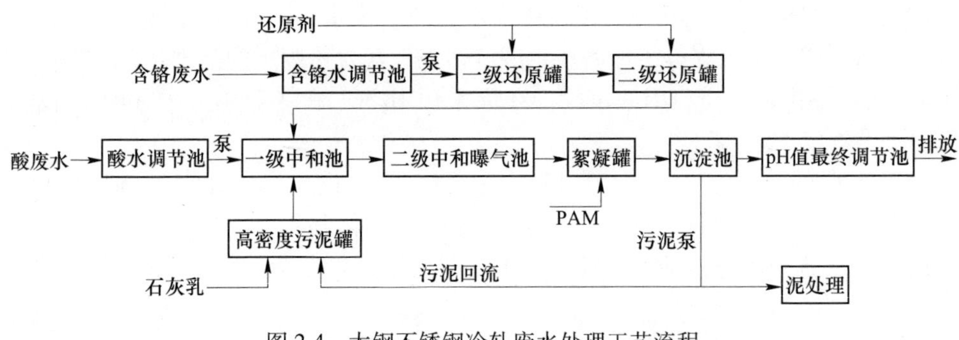

图 2-4　太钢不锈钢冷轧废水处理工艺流程

2.1.2.4　泰钢废水处理及污泥产生

酸洗线产生的酸洗污泥主要由两部分组成，一是从硫酸、混酸中压滤产生的污泥，二是废水处理后压滤产生的污泥。

酸液压滤污泥：不锈钢酸洗段共配置 2 套 $80m^2$ 程控自动压滤机，分别与硫酸段、混酸段管路连接，生产过程中将酸液经管路输送至压滤机压滤，压滤后的酸液返回再利用，生成的污泥定置存放待处理。生产 200 系、300 系不锈钢主要压滤混酸段酸液，生产 400 系不锈钢时主要压滤硫酸段酸液。

废水压滤污泥：废水站主要压滤处理后的废水，配制 1 套 $200m^2$ 程控自动压滤机。废水处理流程为：酸性废液经收集，通过添加氢氧化钠、石灰乳、亚硫酸氢钠、硫酸、磷酸盐、聚丙烯酰胺等药剂，进行还原、中和、絮凝，形成污泥，送至压滤机压成泥饼；上清液排入混合废水处理系统。混合废水通过曝气充氧，添加石灰乳、聚丙烯酰胺等药剂，进行中和絮凝，形成污泥，送至压滤机压成泥饼，上清液经过滤后达标排放至高炉进行冲渣作业。废水压滤污泥每天产量差别较大。

吨钢平均污泥量为 28kg/t。酸液压滤污泥和废水压滤污泥混合后，送烧结线作为原料使用，配料时酸洗污泥与除尘灰、氧化铁皮配合使用，占总原料的7%~8%，其中酸洗污泥占4%左右，使用酸洗污泥时会生成一定量的氮氧化物，如产线氮氧化物含量偏高，则适当降低酸洗污泥配比。

2.1.3 酸洗污泥的危害及价值

不同企业因不锈钢品种不同、酸洗工艺不同、废水来源及后续处理方式不同，其酸洗污泥具有明显差异。

酸洗污泥的特点是含水率高、成分复杂，组成波动大，粒度小，结构复杂，既有 Fe、Cr、Ni 等有价金属，又含有较高的 F、S 等元素，且因其中含有 Cr^{6+} 及 F^- 而归为有毒固废。目前主要是委托专业机构进行无害化处理，其处理成本每吨3000 元以上。处理后的污泥按有毒固废固化填埋处理。然而，部分污泥中 Ni 含量甚至超过了镍矿含量，且含有一定量的 Cr 和 Fe，是重要的二次资源，填埋每年将浪费约 2 万吨以上的镍和铬资源，同时还浪费近 20 万吨可用作冶金辅料的 CaO 和 CaF_2 资源，且占用土地。

因而，如何资源化利用酸洗污泥是随着我国不锈钢产业快速发展而带来的新问题之一。对此已开展的研究包括：回收其中的 Fe、Cr、Ni 形成金属合金或金属氧化物，用作水泥原料，烧制建筑陶粒或制砖等。

现有研究的不足是：针对污泥中有价金属开发的回收工艺能耗高、二次渣量大，处理量有限；对在冶炼企业返回利用研究不足，未能就返回利用中硫、氟迁移以及金属回收与辅料综合利用进行系统研究。

酸洗污泥的生成率约为不锈钢产量的 2.5%~3.0%[8,9]，2017 年中国不锈钢粗钢产量 2577 万吨[10]，Cr-Ni 钢（300 系）1342 万吨，据此推算中国年产不锈钢酸洗污泥 75 万吨以上。目前酸洗污泥处置主要是委托专业机构进行无害化处理，处理后的污泥按有毒固废固化填埋处理。尚缺少消纳量大、综合利用效果好、高效且无二次污染的资源化回收利用方法。

同时，酸洗污泥中的镍、铬等有价金属元素是重要的二次资源并且含有大量的 CaO、CaF_2 等熔剂成分，如何高效回收利用酸洗污泥中的有价资源，具有重要的环境保护和冶金资源综合利用意义。

2.2 酸洗污泥形貌及成分

2.2.1 形貌特征

不同企业的酸洗污泥外观有黑色板结颗粒状、黄色松散板块状、褐色球形黏结状等，见图 2-5。污泥的微观结构有海绵状、板条状、颗粒状等，见图 2-6，其中各区域的元素及物相组成见表 2-1，显示污泥中各化合物相互混杂。

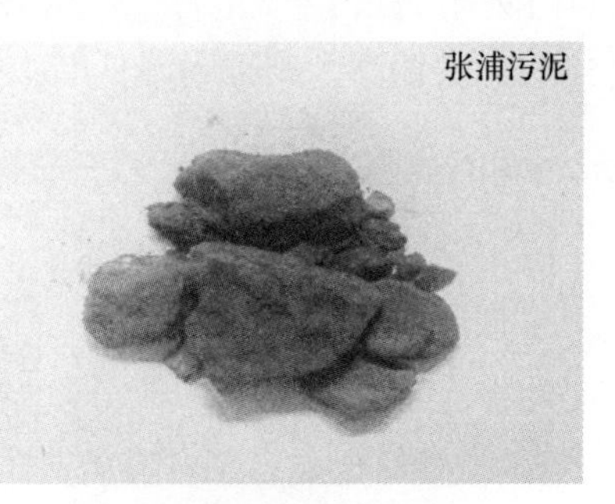

图 2-5　不同酸洗污泥照片

表 2-1　酸洗污泥 SEM 特征区域成分分析

试　样	主要元素	物　相　组　成
宝钢污泥Ⅰ区	O/S/Ca	$CaSO_4$/CaO
宝钢污泥Ⅱ区	C/O/F/Ca/Fe/Ni	$CaCO_3$/CaF_2/NiO/Fe_2O_3/CaO
张浦污泥Ⅰ区	C/O/F/S/Ca/Cr/Fe/Ni	$CaCO_3$/CaF_2/$CaSO_4$/Cr_2O_3/Fe_2O_3/NiO/CaO
泰钢污泥Ⅰ区	C/O/F/S/Ca/Cr/Fe	$CaCO_3$/CaF_2/Cr_2O_3/Fe_2O_3/CaO/$CaSO_4$
太钢污泥Ⅰ区	C/O/F/Ca/Cr/Fe	$CaCO_3$/CaF_2/Cr_2O_3/CaO/Fe_2O_3
太钢污泥Ⅱ区	O/S/Ca/Fe	$CaSO_4$/Fe_2O_3/CaO

2.2.2　元素含量

污泥中有价金属（Fe、Cr、Ni）含量较高，其中 Fe 为 15.5%～32.6%、Cr 为 2.69%～4.73%、Ni 为 0.48%～2.4%、S 为 0.25%～6.03%、F 为 6.26%～9.76%，污泥成分复杂，变化范围宽，具体见表 2-2。

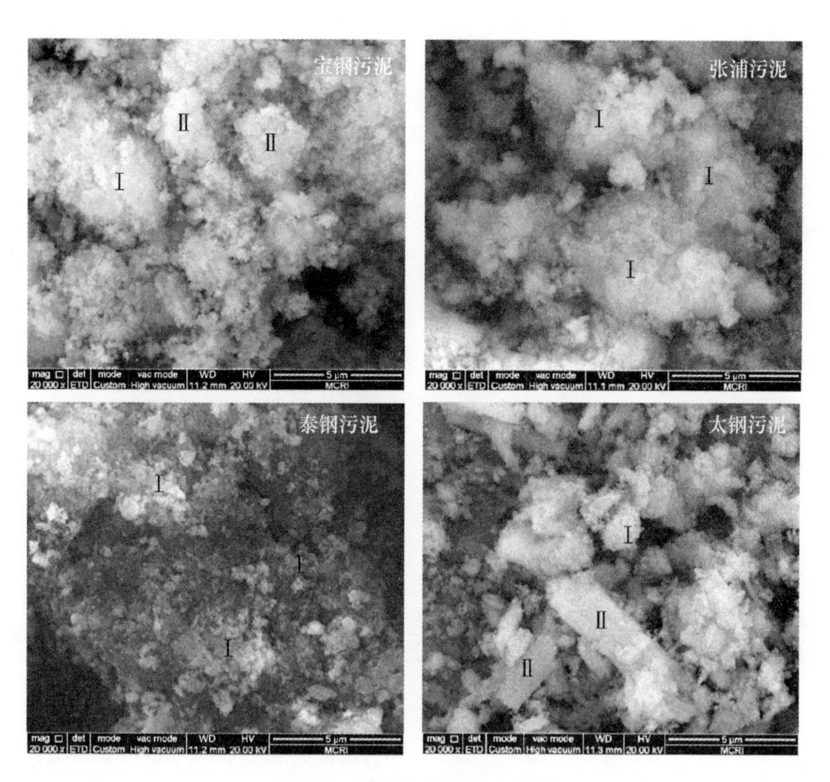

图 2-6 酸洗污泥 SEM 图谱

表 2-2 酸洗污泥元素化学分析 (wt. %)

元素	TFe	Cr	Ni	S	F	Si	Al	Ca	C
宝钢污泥	18.9	2.69	1.08	2.6	7.58	0.72	0.31	24.64	1.28
张浦污泥	18.1	4.73	2.4	0.25	6.26	0.76	0.37	24.57	1.3
泰钢污泥	32.6	4.73	0.48	3.61	6.51	0.96	0.38	6.29	0.16
太钢污泥	15.5	3.46	1.38	6.03	9.76	0.68	0.25	23.71	1.3

2.2.3 物相组成

酸洗污泥的 X 射线衍射结果见图 2-7[11]，结合元素分析，经计算各种物质存在形态及含量列于表 2-3。污泥中既有结晶相又有非结晶相，其中 Fe、Ni、Cr 以氧化物形式存在，S 以 $CaSO_4 \cdot 2H_2O$、F 以 CaF_2 形式存在，且还夹杂其他杂质。总体来看，产生酸洗污泥流程虽然不同，但是其成分类似，区别是含量的不同。

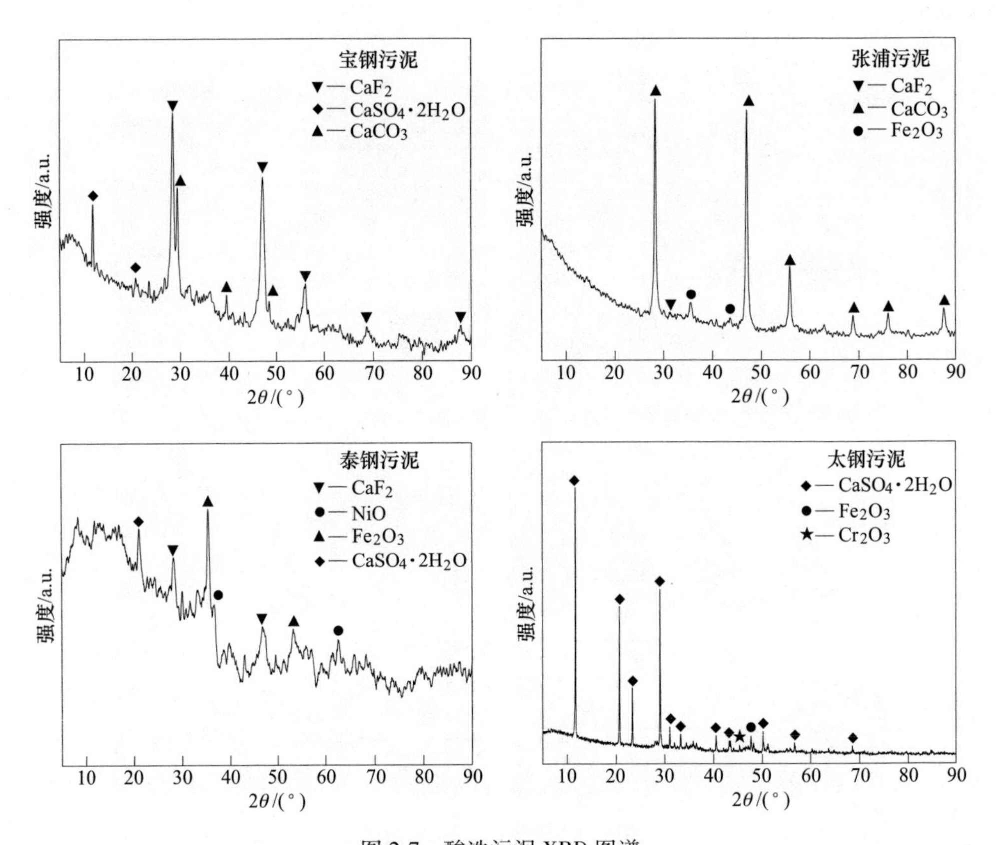

图 2-7　酸洗污泥 XRD 图谱

表 2-3　酸洗污泥成分组成　　(wt. %)

试样	CaF_2	$CaCO_3$	$CaSO_4 \cdot 2H_2O$	Fe_2O_3	NiO	Cr_2O_3	SiO_2	Al_2O_3	CaO
宝钢污泥	15.559	10.667	13.975	27.0	1.373	3.932	1.54	0.58	12.806
张浦污泥	12.85	10.833	1.36	25.857	3.051	6.913	1.63	0.69	18.665
泰钢污泥	13.363	1.333	19.404	46.571	0.61	6.91	2.06	0.71	—
太钢污泥	20.034	10.833	32.411	22.143	1.754	5.057	1.46	0.47	2.198

2.3　酸洗污泥的物化性能

2.3.1　粒度及含水率

不同企业的酸洗污泥粒度见图 2-8（采用激光粒度仪 OMEC800 分析）。酸洗污泥的粒度差距明显，其中宝钢污泥粒度最小，粒径总体集中在 20μm 级以下，泰钢污泥与太钢污泥粒度相近，分别集中在25~100μm 和50~150μm 范围，张浦粒径最大，粒径集中在50~350μm。

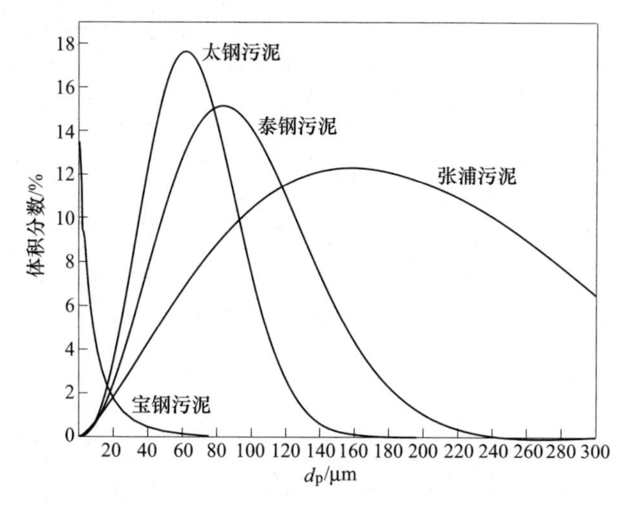

图 2-8 酸洗污泥粒度分析

压滤所得酸洗污泥原始含水率均较高，外观成块状。对自然存放一定时间后的污泥干燥脱水，结果见图 2-9[12]，宝钢酸洗污泥含水率较低，300℃时仅失重 12.7%，泰钢和太钢的酸洗污泥含水率居中，分别为 21.4%和 28.3%，张浦酸洗污泥含水率高达 50.6%。游离水在 100℃左右蒸发脱除，300℃左右还有水分脱除，说明酸洗污泥中除了含有游离水外还含有结晶水（$CaSO_4 \cdot 2H_2O$ 中的水）。

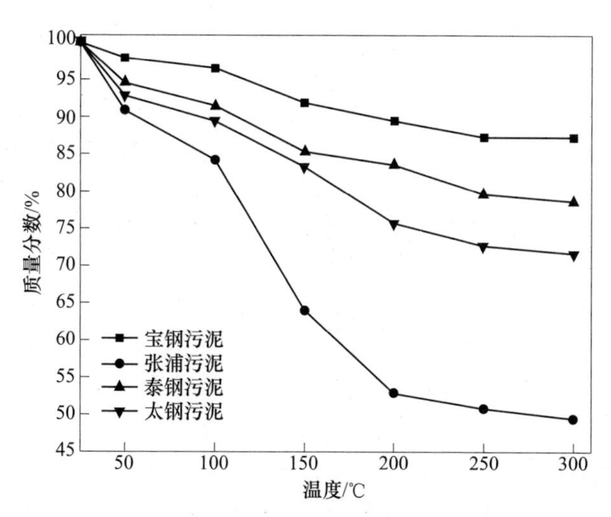

图 2-9 酸洗污泥干燥曲线

2.3.2　熔化性能及黏度

不同企业酸洗污泥的熔化特性（基于半球点法测定其熔化性能）数据见表2-4。四种酸洗污泥的熔化温度差异较大，软化温度从906℃至1223℃不等，半球温度从1205℃到1476℃不等，流淌温度从1217℃至1500℃不等，原因是酸洗污泥成分及含量差异导致。

表 2-4　不同污泥熔化特性

名称	软化温度/℃	熔化温度/℃	流淌温度/℃
宝钢污泥	1170	1205	1217
张浦污泥	1206	1233	1292
泰钢污泥	1223	1476	1500
太钢污泥	906	1312	1369

黏度影响污泥作为渣料利用的性能，黏度过大，会导致熔渣的流动性差，钢水和熔渣不易分离；黏度过低，则会腐蚀炉衬的耐火材料，降低炉体的寿命。宝钢酸洗污泥的黏度见表2-5，随着温度降低，酸洗污泥的黏度逐渐增大。1450℃时酸洗污泥的黏度为0.145Pa · s。

表 2-5　不同温度下酸洗污泥的黏度

炉温/℃	渣温/℃	黏度/Pa · s
1450	1402	0.145
1425	1377	0.190
1400	1361	0.199
1375	1337	0.205

2.4　小结

酸洗是提高不锈钢表面质量的重要工序。不锈钢热轧材料一般用硫酸进行酸洗，冷轧300系列不锈钢通常采用中性盐电解酸洗 + 混酸（硝酸及氢氟酸）酸洗，400系不锈钢常采用中性盐电解酸洗 + 硝酸电解酸洗。

酸洗后对废水处理，压滤所得酸洗污泥的生成率为不锈钢产量的2.5%~3.0%，外观因各企业品种及水处理工艺不同有黑色板结颗粒状、黄色松散板块状、褐色球形黏结状等，微观结构有海绵状、板条状、颗粒状等。

污泥中有价金属（Fe、Cr、Ni）含量较高，其中Fe为15.5%~32.6%、Cr为2.69%~4.73%、Ni为0.48%~2.4%、S为0.25%~6.03%、F为6.26%~9.76%，污泥成分复杂，变化范围宽，其中Fe、Ni、Cr以氧化物形式存在，S以$CaSO_4$ ·

$2H_2O$、F 以 CaF_2 形式存在。

污泥粒度差距明显，宝钢污泥粒径总体集中在 20μm 级以下，泰钢污泥与太钢污泥粒度分别集中在 25~100μm 和 50~150μm 范围，张浦污泥粒径集中在 50~350μm。

污泥的熔化温度差异较大，软化温度从 906℃至 1223℃不等，半球温度从 1205℃到 1476℃不等，流淌温度从 1217℃至 1500℃不等。

含水率宝钢酸洗污泥较低，300℃时仅失重 12.7%，泰钢和太钢的酸洗污泥含水率居中，分别为 21.4%和 28.3%，张浦酸洗污泥含水率高达 50.6%。

污泥的黏度和高温过程变化影响其利用，宝钢酸洗污泥 1450℃时黏度为 0.145Pa · s。

参 考 文 献

[1] 不锈钢的酸洗工艺及原理 [EB/OL]. https://wenku.baidu.com/view/c8e93792dd88d0d233d46a0d.html.

[2] 原金钊. 中性电解除鳞在不锈钢酸洗中的应用 [J]. 材料保护，2006，39 (6)：69-70，73.

[3] 金属清洗与防锈——钢铁和不锈钢的清洗 [EB/OL]. 2019-01-21. http://www.sohu.com/a/290729495_120059415.

[4] 李丽娟. 不锈钢混酸酸洗工艺浅析 [J]. 钢铁技术，2005 (5)：50-52.

[5] 石磊，陈荣欢，王如意. 不锈钢冷轧酸洗废水的分步处理与资源化回收 [C] //第八届 (2011) 中国钢铁年会论文集，北京：冶金工业出版社，2011.

[6] 赵俊学，李小明，曾媛，等. 冷轧不锈钢板带生产过程酸洗污泥的处理与利用 [C] //2010 年全国冶金物理化学学术会议专辑 (下册)，2010.

[7] 王瑞红. 太钢不锈钢冷轧废酸处理技术 [J]. 冶金动力，2012 (3)：60-61，65.

[8] 冯琦，王强，彭锋. 含镍、铬不锈钢尘泥资源化利用探讨 [J]. 中国冶金，2018，28 (6)：74-77.

[9] Li Xiaoming, Mouza Elsayed, Zhao Junxue, et al. Recycling of sludge generated from stainless steel pickling process [J]. Journal of Iron Steel Research International, 2009, 16 (5): 480-484.

[10] International Stainless Steel Forum. Stainless steel production reached 48.1 million metric tonnes in 2017 [EB/OL]. 2018-3-15. http://www.worldstainless.org/news/Show/2176.

[11] 李小明，贾李锋，邹冲，等. 不锈钢酸洗污泥资源化利用技术进展及趋势 [J]. 钢铁，2019，54 (10)：1-11.

[12] Li Xiaoming, Lv Ming, Yin Weidong, et al. Desulfurization thermodynamics and experiment of stainless steel pickling sludge [J]. Journal of Iron and Steel Research, International, 2019, 26 (5): 519-528.

3　不锈钢酸洗污泥处置技术现状

不锈钢生产过程中酸洗工序产生含 Cr^{6+}、Cr^{3+}和铁、镍等的酸洗废水，废水中和沉淀后产生含氢氧化物以及氟化钙、氧化钙、硫酸钙等的酸洗污泥[1,2]。污泥中因含有 F^-、Cr^{6+}等被归为有毒固废[3]。Cr^{6+}具有较强的氧化作用，经呼吸系统进入人体后，会引发耳鼻喉炎症。Cr^{6+}如果在人体内积蓄过量，会使机体脂代谢紊乱。酸洗污泥如果不谨慎处理或者任意堆放，还会污染地下水资源，造成二次污染。酸洗污泥的处置已引起高度重视，处置技术方法可根据处置目标归纳为无害化、固化稳定化和资源化。

本章介绍不锈钢酸洗污泥的无害化、固化稳定化及部分资源化利用技术，酸洗污泥在冶金企业内部的资源化利用将在后续章节中详细介绍。

3.1　无害化处置技术

无害化处置技术是指通过一定的工艺技术手段去除或降低酸洗污泥中 Cr^{6+}含量和其他有害物质，实现污泥无害化。常用的技术手段包括还原法、络合法、生物法和化学浸出法等[4-6]。

还原法包含火法还原法和湿法还原法。火法还原法是将污泥与还原剂按照一定的比例混合后进行高温焙烧，使 Cr^{6+}还原成不溶性的 Cr_2O_3。此法处理污泥量大，解毒可靠性高，但处理成本高，对 Cr^{6+}含量的降低幅度有限，解毒后污泥还需处置。湿法还原法是将含铬污泥碱解或酸解之后向混合液中加入 $FeSO_4$、Na_2S 等还原剂使 Cr^{6+}还原成 $Cr(OH)_3$ 或 Cr^{3+}。解毒较为彻底，处理费用高，不宜大量处理含铬污泥，操作不慎会造成二次污染[7,8]。

络合法也可使 Cr^{6+}转化为 Cr^{3+}，从而使污泥毒性降低，但污泥处理量小，产品中会引入污泥中的杂质。

生物法是依靠一些细菌将污泥中的金属离子转化为不溶于水的硫化物。生物法对 Cr^{6+}、Cr^{3+}、Ni^{2+}、Pb^{2+}、Cu^{2+}、Zn^{2+}、Cd^{2+}等离子的转化效果好，但存在污泥消耗量小，复合细菌易中毒，对污泥成分变化适应性差，周期长，不容易操作等缺点。

化学浸出法是用适当的溶剂与污泥作用使其中有关组分有选择性溶解，包括氧化还原、中和、化学沉淀和化学溶出等，注意有些有害固体废物经化学处理可能产生富含毒性成分的残渣，须对残渣进行解毒处理或安全处置。

无害化处置的主要目标是对不锈钢酸洗污泥进行“解毒”，处置后的不锈钢酸洗污泥主要用于填埋，降低对环境的污染风险，但造成大量镍、铬、铁等资源的浪费和土地占用，属于含镍、铬不锈钢酸洗污泥综合利用的初级阶段。

3.2 固化稳定化处置技术

固化稳定化技术是处理重金属固体废弃物的重要手段，是目前不锈钢酸洗污泥的主要治理方式。固化稳定化处理的途径是：将污染物通过化学转变，引入某种稳定固体物质的晶格中去；或通过物理过程把污染物直接掺入惰性基材中，使污泥内的有害物质封存在固化体内，减小污泥中 Cr^{6+} 的迁移性和毒性，最终处置后不再产生污泥的进一步降解，从而避免产生二次污染，常用技术手段为物理掺杂法，处理后用于建筑或填埋[9-12]。

常用的固化稳定化技术主要有：常规材料固化、塑性材料固化、熔融固化、陶瓷固化、自胶结固化、有机聚合物固化等[13-17]。常规材料固化技术是指利用水泥、石灰、沥青、水玻璃等固化剂和重金属污泥混合，将污泥内的重金属等有害物质封闭在固化体内而不被浸出，以达到消除污染的目的。常规材料固化技术中，水泥固化技术是应用最广泛、最适用且最有效的处理废弃物的技术，对污泥中重金属离子固定非常有效，固化材料易得、操作简便、成本低廉，但固化体增容大，并且由于污泥成分复杂，易造成固化效果不佳。

熔融固化技术是利用高温条件，对重金属污泥熔融，使重金属与熟料矿物形成新的晶体结构，从而实现无害化。熔融固化能耗高、产量小，且作为建材产品的环境安全性还有待进一步评估。

目前对重金属固体废弃物的无害化处理的研究热点是运用化学稳定化药剂技术。而应用性最大的化学稳定化药剂主要有高分子螯合物、沸石、硫化物等。其基本原理是将化学药剂加入预处理过的固体污染物中，使那些可能对环境造成危害的物质在固化体内的迁移性、溶解性和毒性变低，从而使这些有害的固体废弃物无害化，同时还能使固体废弃物不增容或少增容。

总体而言，尽管固化稳定化法是目前处理酸洗污泥主要的方法，消纳量大且价格低廉，但因其严重占用土地资源，不能保证有毒物质随时间推移不再浸出，同时废弃了大量有价金属资源，不符合固废处置的“3R”原则，因而不作为创新发展的主流技术。

我国对危险固体废物的管理起步较晚，处置技术还处在低水平阶段，所以大多数企业对不锈钢酸洗污泥处置仍然是简单的处置填埋，造成土地资源被占用，同时也对环境产生潜在的危害。

因此，从长远来看，应着重于酸洗污泥的资源化利用技术开发[18]。

3.3　资源化处置技术

资源化的目标是通过一定的途径和方法回收利用固体废弃物中的有用物质和资源，变废为宝、保护环境。

对酸洗污泥进行资源化利用不仅可充分利用其中的铁、镍、铬资源，还可提升冶金企业的环保声誉和利润空间。酸洗污泥的资源化处置技术可分为两个方面：一是着重回收污泥中的 Cr、Ni、Fe 等元素，二是注重污泥中各种组分的综合利用。对此已开展的研究包括制作建材、回收金属形成合金或金属氧化物等。

3.3.1　制作建材

3.3.1.1　制砖

不锈钢酸洗污泥含有 SiO_2、Al_2O_3 等组分，与制砖所用的黏土成分有相似性，利用不锈钢酸洗污泥代替部分黏土制作建筑用砖可实现污泥的资源化利用[19]。如以污泥、黏土、粉煤灰为主要原料，通过混匀、制模、焙烧等处理，不锈钢酸洗污泥代替部分黏土制成的建筑用砖满足国家标准要求，制成砖中铬、镍的浸出浓度低于标准限制，酸洗污泥经过制砖固化后，其重金属活性大幅度降低，环境风险降至安全标准以内，达到了资源化利用的目的[20,21]。流程如图 3-1 所示。

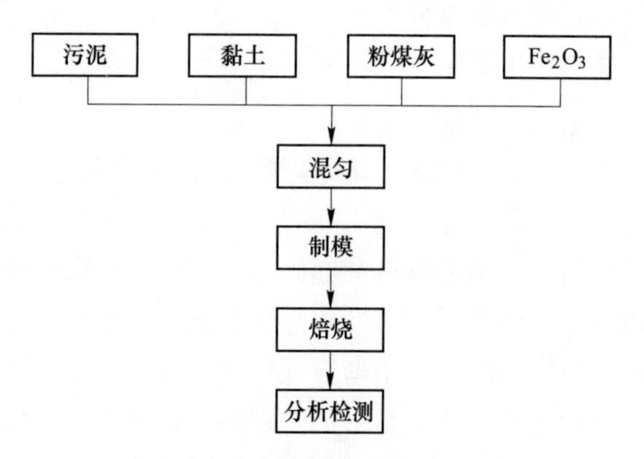

图 3-1　不锈钢镍铬污泥制砖流程

我国大量生产黏土烧结砖，原料中 SiO_2 含量过高，易导致塑性降低难以成型，SiO_2 含量过低则会降低烧结砖的抗压强度；烧结砖原料中 Al_2O_3 过多会提高烧成温度和能耗，淡化成品色泽，Al_2O_3 过低会使烧结砖抗折性能变差；作为烧结砖着色剂的 Fe_2O_3 含量对成品的颜色和耐火度有直接影响，添加 3%~10%，成品质量色泽最好。适量配加酸洗污泥有助于烧结砖的性能改善。

3.3.1.2 制作水泥

不锈钢酸洗污泥在组成上含有较多的钙、铁、铝、硅质成分，从总体上看与水泥主要原料成分的相容性较好，因此将其用作水泥添加料具备一定的可行性。

如将不锈钢酸洗污泥和石灰石、黏土、铁尾矿经烘干、球磨、筛分并加化学试剂（碳酸钠、碳酸钾）混合后，在一定的压力下压制成饼在高温硅钼电炉中以105~250℃/h的速率升温，在预定烧成温度下保温1h后出炉，出炉熟料经风吹急冷制备得到了符合国家标准的水泥熟料[22]，同时，Cr和Ni等重金属元素得到了很好的固化，流程如图3-2所示。污泥替代铁质原料配料总体上能够明显增强水泥生料的易烧性，但由于其组成的复杂性，并不能简单地视为仅有铁质组分的影响，其掺量也并非越多越好。另外，生产水泥时污泥中的Cr^{3+}极有可能被氧化成Cr^{6+}而存在于建筑构件中，未能从根本上消除重金属离子对环境的危害。

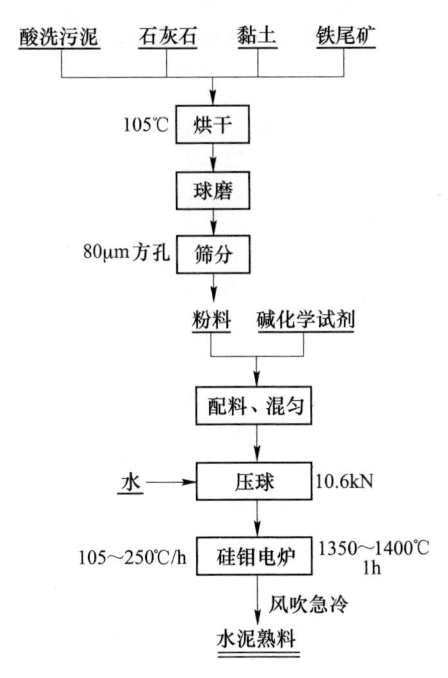

图3-2 酸洗污泥制备水泥熟料工艺

对不锈钢酸洗污泥进行一定的高温活化处理，发现900℃处理的不锈钢污泥掺入熟料制成水泥，水化性能和相关力学性能明显提高，同时可有效提高由其制备的生态水泥环境安全性，节约生产水泥成本并且能够达到废物资源化利用。

3.3.1.3 制作陶粒及微晶玻璃

陶粒、陶瓷骨架、微晶玻璃也是重要的建筑材料，采用酸洗污泥配料也是可行的方向。

利用不锈钢污泥制备高性能陶粒，可分别制得烧胀型轻质陶粒和烧结型高强陶粒。如将酸洗污泥与其他辅料（黏土、煤矸石、粉煤灰等）以一定的比例混合，经过制球、烘干后在一定的温度下于马弗炉或者高温电炉中焙烧并保温一定的时间制备陶粒[23,24]，陶粒的抗压强度好，重金属元素固化效果良好，流程如图 3-3 所示。将酸洗污泥、黏土按干料质量比（25～65）:（35～75）配料后加入1%～3%的还原剂（煤/焦炭/粉煤灰），挤压造球后，经回转窑 1100～1300℃干燥、焙烧后自然冷却或风冷或水冷可制备符合工民建使用的高强度支撑陶瓷料骨[25]。将酸洗污泥、不锈钢渣、废玻璃等按一定的比例混匀后在高温炉（马弗炉）里熔化（1460℃）并保温 1h，最后将所得到的液体铸成预热钢板，在 600℃下退火 30min 释放其中热应力后冷却至室温，可以获得含铬钢渣微晶玻璃[26]，Cr 和 Ni 等重金属离子得到高效固化，流程如图 3-4 所示。

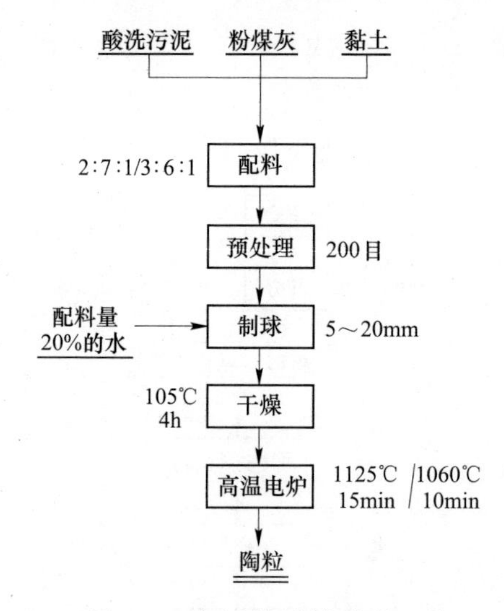

图 3-3　酸洗污泥制备陶粒工艺

综上所述，制备建材可大规模利用不锈钢酸洗污泥，但建材制备中酸洗污泥中的 Cr^{3+} 有可能被氧化成 Cr^{6+} 存在于产品中，产品在雨水长时间浸泡下可能会污染地下水，若存在于建筑构件中，没有从根本上消除重金属离子对环境的危害，因而酸洗污泥用作建材原料的环境风险应该仔细评估。

3.3.2　制备金属氢氧化物或氧化物

制备金属氢氧化物或者氧化物的主要工艺是湿法浸出，是将不锈钢酸洗污泥通过酸或碱浸泡，使其中的重金属变为离子态，然后通过氧化、结晶、中和沉淀等过程将金属以重金属盐［如 $Fe_2(SO_4)_3$］或者氢氧化物或者氧化物的形式进行

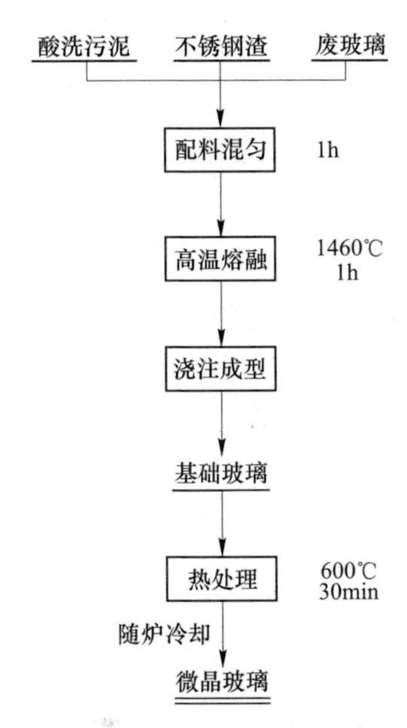

图 3-4 酸洗污泥制备微晶玻璃工艺流程

回收利用，工艺的优点是设备简单，操作容易，存在的问题是产生大量的废渣、废水，给后续处理造成一定的困难，同时酸或碱在运输和使用过程中具有危险性，成本高，收益小。

如对酸洗污泥进行打浆、酸浸、碱化处理（工艺流程见图 3-5（a）），制备铬镍铁氧体（含 Fe_2O_3 的金属氧化物），回收物中 Fe_2O_3、Cr_2O_3 和 NiO 的含量分别为 85%、14%和 1%[27]；用 H_2SO_4 浸出酸洗污泥中的重金属离子，向滤液中加入 $NaHSO_3$、NaOH 溶液等得到 $Cr(OH)_3$ 和 $Ni(OH)_2$ 产物（工艺流程见图 3-5（b）），其中 Cr、Ni 的回收率分别为 93.9%、94.7%[28]；将酸洗污泥经过酸浸、氧化、结晶、离子交换、中和沉淀处理，回收其中的 Cr、Ni 得到 $Cr(OH)_3$ 和 $Ni(OH)_2$，其中 Cr、Ni 的回收率分别为 80%~90%、95%（工艺流程见图 3-5（c））[29]；通过设置多个反应池（工艺流程见图 3-5（d）），向每个反应池中投加酸或碱，控制 pH 值，利用无机化合物溶解度的差异分离金属溶液，制备得到 Cr_2O_3、Ni_2SO_4 用于不锈钢冶炼，$Fe_2(SO_4)_3$ 用于絮凝剂制备[30]；将酸洗污泥进行焙烧，用碳酸钠、氢氧化钠、去离子水和玻璃微珠（16~20 目）等试剂，浸取酸洗污泥中的铬、铁和锌等金属，铬的浸出率达到 60% 以上，残渣可以制备 Fe_2O_3 基脱硫剂[31]。

回收金属制备合金或金属氧化物、氢氧化物的工艺的优点是：产生的合金、金属氧化物、CaF_2 可用于不锈钢冶炼，节约炼钢原料，实现污泥中 Fe、Cr、Ni 等有价金属综合回收利用。不足的是处理费用高，处理量小，经济效益不高，尤

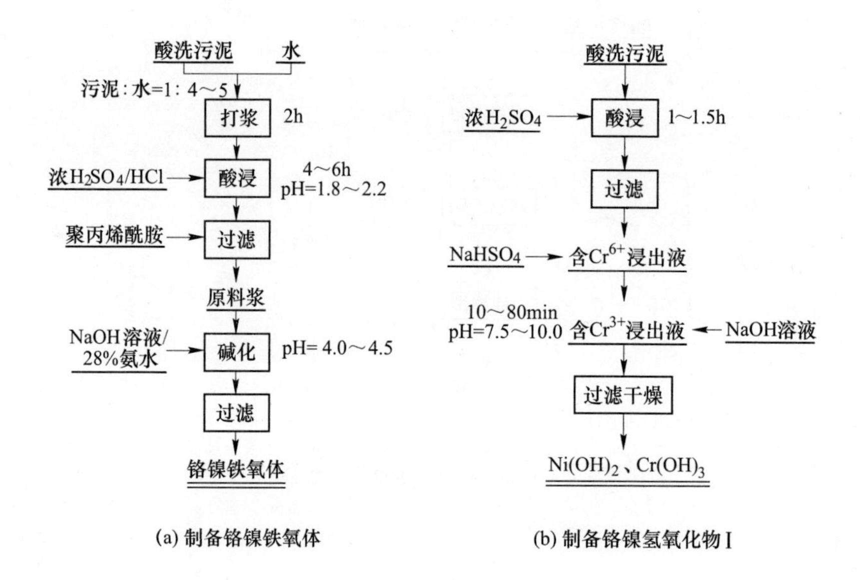

(a) 制备铬镍铁氧体　　(b) 制备铬镍氢氧化物 Ⅰ

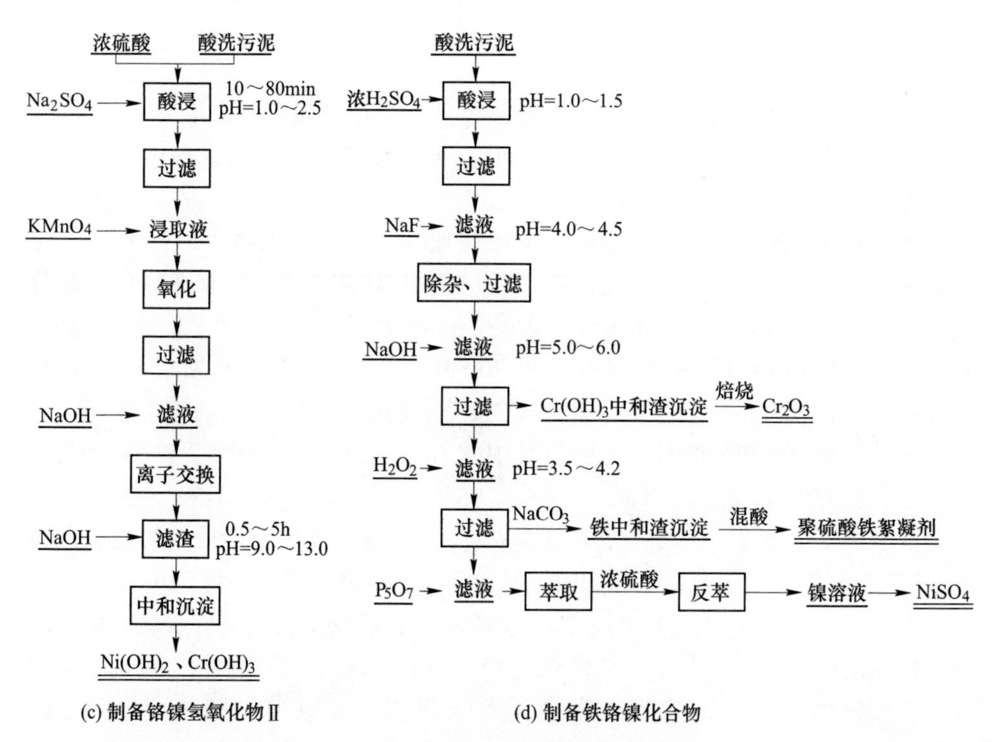

(c) 制备铬镍氢氧化物 Ⅱ　　(d) 制备铁铬镍化合物

图 3-5　酸洗污泥浸取法回收金属

其浸取法使用大量的酸和碱，涉及废酸废碱治理问题，同时产生大量的废水，废渣也需再行治理。

3.3.3　制备镍铬系合金

不锈钢酸洗污泥制备镍铬合金用于金属冶炼，主要方法包括火法还原工艺、湿法-火法联合工艺、生物淋滤技术等。

火法工艺的典型流程包括两类：一类是直接还原-磁选工艺，该工艺是将还原剂与酸洗污泥或其他辅料（如电炉粉尘、生石灰、无烟煤、水玻璃等）混合后，或压块、或烧结造球、或直接加入高温炉进行直接还原或感应熔炼，还原产物经磁选进行分离，制得 Ni-Cr-Fe 合金颗粒；另一类是将酸洗污泥与其他辅料及还原剂混合后在高温炉中（矿热电炉、等离子电弧炉等）熔融还原，液态渣铁分离，直接制备 Ni-Cr-Fe 合金熔体铸块。各工艺 Ni、Cr、Fe 元素的回收率均超过了 93.0%、83.0%、90.0%，制备的 Ni-Cr-Fe 合金颗粒或铸块可用作生产不锈钢或铸铁的原料。火法工艺制备镍铬铁合金流程如图 3-6 所示[32-36]。

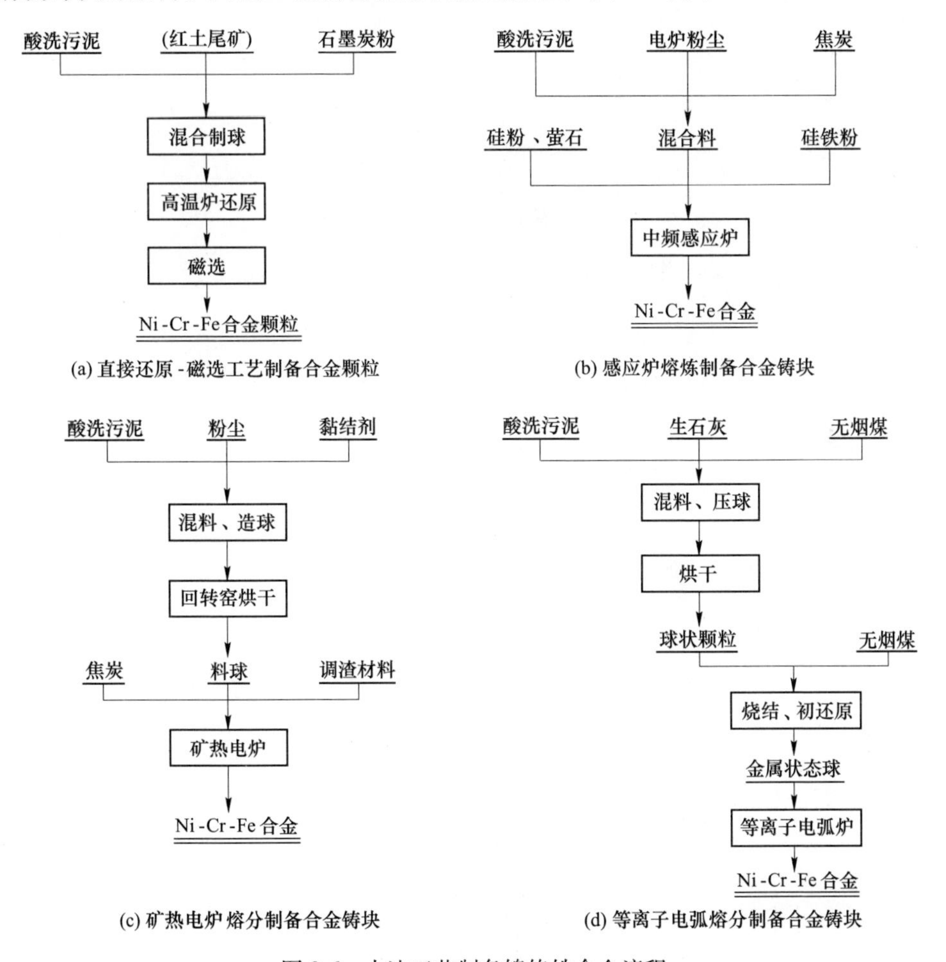

图 3-6　火法工艺制备镍铬铁合金流程

湿法-火法联合工艺是先通过添加碱液将酸洗污泥调成中性，然后再利用烧结、高温熔分等工艺回收有价金属制备 Ni-Cr-Fe 合金，以下工艺 Ni、Fe、Cr 的回收率分别为 95%、95%、89%，工艺流程如图 3-7 所示[37]。

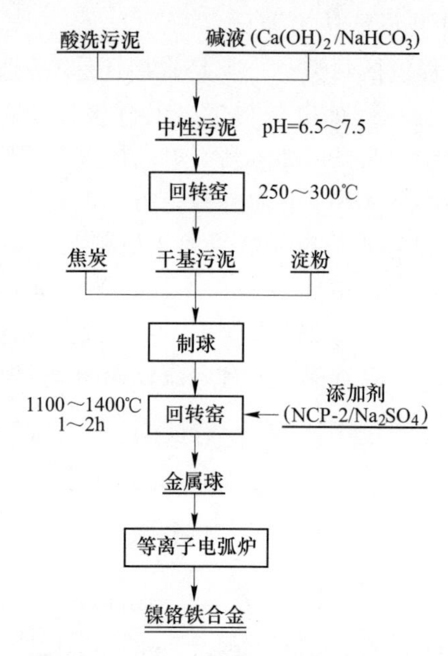

图 3-7　酸洗污泥湿法-火法联合工艺制备 Ni-Cr-Fe 合金

生物淋滤技术是利用溶液中微生物或者其代谢产物的作用将有价金属元素（如镍和铬等）从污泥或矿物中分离浸取、溶解再利用，因具有耗酸量较少、处理成本较低、浸出率高、安全环保等优点，生物淋滤技术处理不锈钢酸洗污泥具有一定的经济可行性，以下工艺 Ni、Cr 溶出率达 98.0%、75.0%以上，工艺流程如图 3-8 所示[38]。

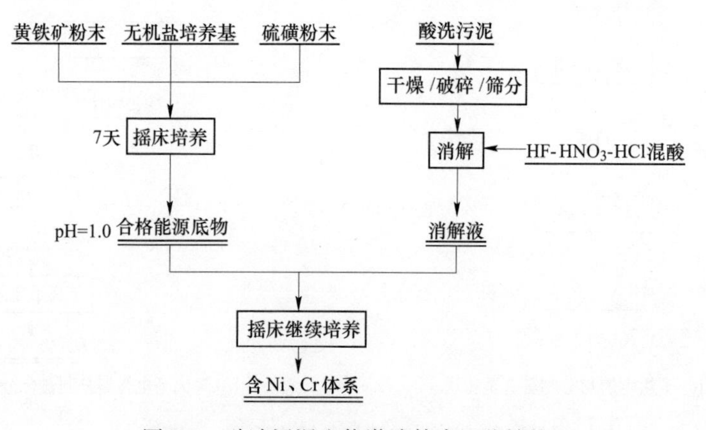

图 3-8　酸洗污泥生物淋滤技术回收镍铬

3.4 处置技术展望

酸洗污泥中不仅含有 Ni、Cr、Fe 等应利用的有价成分，其中较高含量的 CaO 和 CaF_2 也不容忽视，综合利用会产生较高的资源价值。

现有酸洗污泥处置技术存在的问题有：（1）污泥中有价金属的异地富集回收，涉及有毒固废转运安全性及污泥形态改变，工艺流程长，控制条件多，针对污泥中有价金属开发的回收工艺能耗高、二次渣量大，利用过程中未充分考虑硫与氟的转移及辅料的综合利用，处理容量有限；（2）由含重金属的污泥制备的副产品（如制砖、水泥添加料等）利用时对污泥中重金属及硫氟的影响缺乏深入研究，且存在 Cr^{3+} 再次转化为 Cr^{6+} 的危险性，所得产品的环境安全性有待评估，市场认可度有限；（3）在冶炼企业内部的返回利用方面针对性研究不足，未能就返回利用过程中硫、氟对产品的影响，以及污泥中金属的回收与辅料综合利用进行系统研究，尚未形成闭路循环产业链。因此不锈钢酸洗污泥仍然以委托固化填埋为主，尚缺少消纳量大、综合利用效果好、高效且无二次污染的回收利用方法，酸洗污泥综合利用问题亟待解决。

因此，未来不锈钢酸洗污泥的处置应从资源化利用的角度出发，以直接返回生产循环利用为重点方向[39]，同时加强对不锈钢污泥中的氧化钙、氟化钙等组分高效利用和生产过程的节能减排，应将有价元素的回收利用与含铬固体废弃物脱毒以及熔剂成分的综合利用相结合，重点考虑在冶金企业内部闭路循环，或作为烧结及球团配料用于高炉生产[40-43]，或作为炼钢造渣剂利用[44-48]，以实现酸洗污泥中的有价金属元素回收与熔剂成分利用，以及有毒固废环保利用的双重目标。

参 考 文 献

[1] 冯琦，王强，彭锋．含镍、铬不锈钢尘泥资源化利用探讨［J］. 中国冶金，2018，28（6）：71.

[2] Li Xiaoming，Mouza Elsayed，Zhao Junxue，et al. Recycling of sludge generated from stainless steel pickling process［J］. Journal of Iron Steel Research International，2009，16（5）：480.

[3] 中华人民共和国环境保护部．国家危险废物名录，2016-06-21，索引号．000014672/2016-00562.

[4] 于晓曼，曾祥峰，王祖伟．污泥浸出液中铬·镍·镉·铅的去除研究［J］. 安徽农业科学，2010，38（29）：16417-16418.

[5] 吴乾菁，李昕，李福德，等．微生物治理电镀废水的研究［J］. 环境科学，1997，18（5）：47-50.

[6] 陈凡植，陈庆邦，吴对林，等．铜镍电镀污泥的资源化与无害化处理试验研究［J］．环境工程，2001，19（3）：44-46.

[7] 石磊，陈荣欢，王如意．不锈钢冷轧重金属污泥的处理与利用对策［J］．再生利用，2011，4（6）：33-36.

[8] 房金乐，杨文涛．不锈钢酸洗污泥的处理现状及展望［J］．中国资源综合利用，2014，32（11）：24-28.

[9] Ma G，Garbers-Craig A M. A review on the characteristics，formation mechanisms and treatment processes of Cr（VI）-containing pyrometallurgical wastes［J］. Journal of the South African Institute of Mining and Metallurgy，2006，106：753-763.

[10] Kimbrough D E，Cohen Y，Winer A M，et al. A Critical assessment of chromium in the environment［J］. Critical Reviews in Environmental Science and Technology，1999，29（1）：46.

[11] Singhal A，Tewari V K，Prakash S. Characterization of stainless steel pickling bath sludge and its solidification/stabilization［J］. Building and Environment，2008，43（6）：1010-1015.

[12] Zhou C L，Ge S F，Yu H，et al. Environmental risk assessment of pyrometallurgical residues derived from electroplating and pickling sludges［J］，Journal of Cleaner Production，2018，177：699-707.

[13] 杨秀敏，李玉林，陈训铮．含铬污泥铬回收试验研究［J］．能源与环境，2012（5）：75-77.

[14] 唐琳，叶小平，胡秋生，等．无公害处理不锈钢生产中的废弃物［C］//全国铁合金学术研讨会，2009.

[15] Aydin A A. Aydin A. Development of an immobilization process for heavy metal containing galvanic solid wastes by use of sodium silicate and sodium tetraborate［J］. Journal of Hazardous Materials，2014，270（3）：35-44.

[16] 何军志，赵国燕．利用水泥固化废弃物减少有害金属离子溶出的试验探索［J］．实验技术与管理，2012，29（9）：36-39.

[17] Singhal A，Tewari V K，Prakash S. Characterization of stainless steel pickling bath sludge and its solidification/stabilization［J］. Building & Environment，2008，43（6）：1010-1015.

[18] Li Xiaoming，Xie Geng，Hojamberdiev M，et al. Characterization and recycling of nickel and chromium-contained pickling sludge generated in production of stainless steel［J］. Journal of Central South University，2014，21（8）：3241-3246.

[19] 张宏华，潘丽铭，潘永智．不锈钢行业铬镍污泥制砖的可行性研究［J］．浙江工业大学学报，2013，41（3）：295.

[20] Yang Xiulin，Ye Wei，Wu Gaoming，et al. Experimental study on the detoxification of chrome sludge by making bricks［J］. Advanced Materials Research，2014，878：708.

[21] 曾跃春，张坚毅，赵申，等．一种处置不锈钢酸洗污泥的工艺方法：CN105084857A［P］. 2015-11-25.

[22] 陈袁魁，王存坡，李翔，等．不锈钢污泥与碱共存条件对水泥熟料烧成的影响［J］．水泥工程，2011（2）：23.

[23] 刘楷．不锈钢污泥制备高性能陶粒的研究［D］．武汉：武汉理工大学，2012.

[24] 朱明旭，白皓，刘德荣．不锈钢酸洗污泥-黏土基陶粒的制备及性能研究［J］．武汉科技大学学报，2016，39（3）：185.

[25] 曹树梁．不锈钢酸洗污泥陶瓷骨料及其制造方法：CN106082735A［P］．2016-11-09.

[26] Zhang Shengen，Yang Jian，Liu Bo，et al. One-step crystallization kinetic parameters of the glass-ceramics prepared from stainless steel slag and pickling sludge［J］. Journal of Iron and Steel Research（International），2016，23（3）：220.

[27] 周才用，纪忠民，潘丽铭，等．不锈钢酸洗废水污泥中含铬镍铁氧体的回收方法：CN101863516A［P］．2010-10-20.

[28] 张深根，邝春福，潘德安，等．一种不锈钢酸洗污泥绿色提取铬和镍的方法：CN102690956A［P］．2012-09-26.

[29] 刘福强，侯鹏，杨才杰，等．一种不锈钢酸洗废水中和污泥重金属资源回收方法：CN102660687A［P］．2012-09-12.

[30] 宋敏，王文宝，吴昌子，等．不锈钢酸洗废水污泥中重金属的回收及综合利用方法：CN101618892［P］．2010-01-06.

[31] 徐科，陈德珍，袁园，等．钢铁厂冷轧废水污泥中铬回收实验研究［J］．环境污染与防治，2007，29（7）：525.

[32] 孙映，张景，李涛，等．不锈钢酸洗污泥中 Ni 的回收实验研究［J］．上海金属，2016，38（2）：64.

[33] Li Xiaoming，Zhao Junxue，Cui Yaru，et al. The comprehensive utilization of EAF dust and pickling sludge of stainless steel works［J］. Materials Science Forum，2009，620-622：603-606.

[34] 张景，孙映，刘旭隆，等．还原-磁选不锈钢酸洗污泥中的金属［J］．过程工程学报，2014，14（5）：782.

[35] 叶维．一种污水处理厂的酸洗污泥制备再生铁合金的方法：CN103937972A［P］．2014-07-23.

[36] 戴伟华．镍铬酸洗污泥处理工艺的探讨［J］．有色冶金设计与研究，2010，31（6）：48.

[37] 宗义正．一种不锈钢酸洗污泥制备镍铬合金的方法：CN103526029A［P］．2014-01-22.

[38] 杨依然．用生物淋滤技术资源化处理不锈钢酸洗废渣［D］．北京：北京理工大学，2016.

[39] 李小明，贾李锋，邹冲，等．不锈钢酸洗污泥资源化利用技术进展及趋势［J］．钢铁，2019，54（10）：1-11.

[40] 李小明，王翀，邢相栋，等．不锈钢酸洗污泥对铁矿粉烧结液相生成的影响［J］．烧结球团，2018，43（34）：12.

[41] 张垒，刘尚超，张道权，等．烧结炼铁协同处置含铬污泥的应用研究［J］．烧结球团，2018，43（5）：61-64.

[42] Uetani T，Hara Y，Takeda K，et al. Development of recovery technology of valuable metal contained in industrial sludge by smelting reduction furnace with two-stage tuyeres［J］. Tetsu-to-Hagané，2003，89：552-558.

[43] 石磊，陈荣欢，王如意．不锈钢冷轧污泥配矿压球工艺及冶金性能研究 [J]. 宝钢技术，2013 (2)：23.

[44] Singhal L K , Rai N . Conversion of entire dusts and sludges generated during manufacture of stainless steels into value added products [J]. Transactions of the Indian Institute of Metals, 2016, 69 (7): 1319-1325.

[45] 吴树彬，李惠林，金秀峰．酸洗污泥回收利用方法：CN105859092A [P]. 2016-08-17.

[46] 李小明，王建立，吕明，等．不锈钢酸洗污泥用作炼钢造渣剂的试验 [J]. 钢铁，2019, 54 (3): 101.

[47] Li Xiaoming, Lv Ming, Yin Weidong, et al. Desulfurization thermodynamics experiment of stainless steel pickling sludge [J]. Journal of Iron and Steel Research International, 2019, 26 (5): 519-528.

[48] Hällsten S. Bench-scale study of calcined metal hydroxide sludge as flux in AOD converter process [D]. Master Thesis, Luleå University of Technology, 2007.

4 不锈钢酸洗污泥作为烧结配料利用

烧结是钢铁企业最广泛采用的含铁原料造块方法，是把粉状物料（如矿粉、精矿）和细粒含铁物料（如返矿）进行高温加热，在不完全熔化的条件下烧结成块的方法，所得产品为烧结矿[1]。返矿可以起到促进烧结矿液相生成及提高烧结矿粒度均匀化的作用，高炉灰、轧钢皮等代用品可以增加烧结混合料成球核心，改善混合料的透气性，提高烧结矿的品位。石灰石、白云石等熔剂有助于获得一定碱度的烧结矿，减少高炉冶炼熔剂加入量，改善烧结矿的强度及还原性，提高烧结料的成球性和改善料层透气性[2]。

酸洗污泥具有烧结有效熔剂组分含量大、有价金属元素种类多的特点[3-5]，作为烧结配料加以利用，可以降低烧结过程熔剂的消耗，在一定程度上降低生产成本，提高烧结矿的质量，在后续炼铁环节中回收金属元素，实现酸洗污泥无害化、资源化综合利用[6-8]。

本章采用 FactSage 软件分析了酸洗污泥配加烧结后，对铁矿粉液相生成特征温度、铁酸钙生成能力和 $CaO-SiO_2-Fe_2O_3-Al_2O_3-MgO-CaF_2$ 体系液相区以及硫、氟和铬元素迁移变化的影响。在此基础上，设定不同酸洗污泥配加比例和碱度等条件，开展烧结基础特性实验，研究了酸洗污泥对烧结过程液相生成特性（液相生成温度、液相流动性和黏结相强度）的影响，并对比热力学计算结果，分析烧结过程配加酸洗污泥的可行性。

4.1 配加量计算

研究所用原料铁矿粉和不锈钢酸洗污泥化学成分见表 4-1，物相组成如图 4-1 所示。

表 4-1 酸洗污泥和铁精矿粉化学成分 （wt. %）

成分	TFe	Fe_2O_3	FeO	SiO_2	Al_2O_3	CaO	NiO	CaF_2	$CaCO_3$	Cr_2O_3	MgO	$CaSO_4 \cdot 2H_2O$	MnO	S	P
污泥	16. 02	22. 904	—	2. 124	0. 508	22. 751	2. 723	15. 308	8. 023	5. 437	—	0. 151	—	—	—
精矿粉	62. 98	—	27. 05	8. 59	0. 59	0. 85	—	—	—	—	1. 48	—	0. 18	0. 252	0. 068

由表 4-1 可知，酸洗污泥含有大量的 CaO、Fe_2O_3 以及 CaF_2 等熔剂组分，可满足炼铁对烧结矿的熔剂要求。铁矿粉铁品位较高，为 62. 98%，亚铁质量分数为 27. 05%，硫、磷质量分数适中，硅质量分数较低。由图 4-1 可知，酸洗污泥

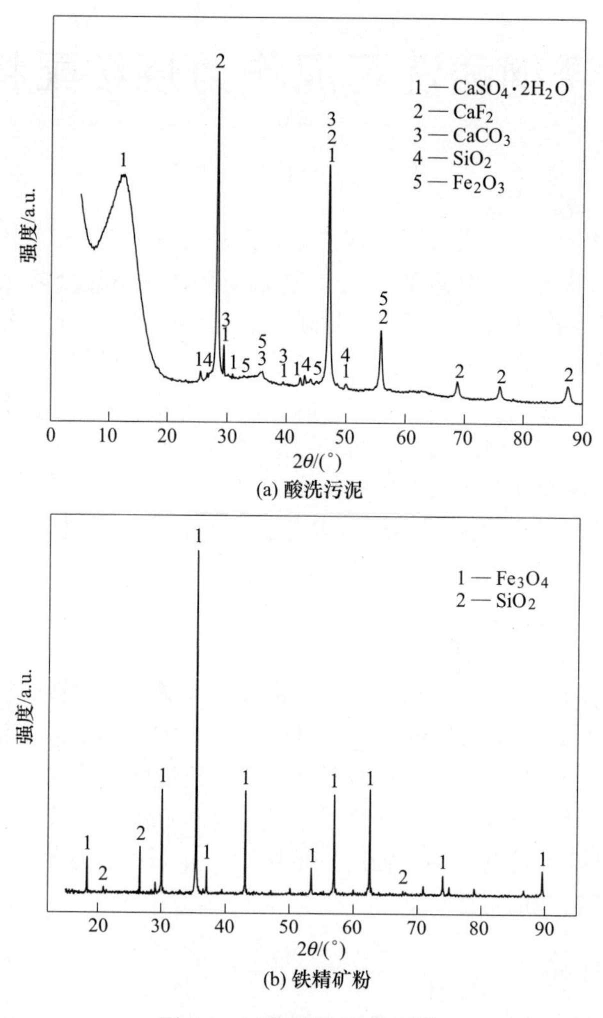

图 4-1　试验原料 XRD 图谱

的主要结晶相为 $CaSO_4 \cdot 2H_2O$、CaF_2、$CaCO_3$ 以及 SiO_2，铁矿粉的主要结晶相为 Fe_3O_4 和 SiO_2，是典型的磁铁矿。

4.1.1　酸洗污泥配加比例

酸洗污泥配加比例按照高炉硫负荷和烧结矿品位进行核算。高炉中 90%以上的硫元素来自入炉燃料，烧结矿、球团矿和块矿带入量相对较少。本研究设定高炉入炉含铁原料带入的硫量 10%，炉料结构中烧结矿配加量约为含铁原料总质量的 80%，铁矿比为 1.6~1.7，硫负荷取 5kg/t。烧结矿中硫元素假定全部来自酸洗污泥，则在研究条件下烧结矿带入高炉硫元素的最大量为 0.294~0.3125kg/t

烧结矿，进而得出酸洗污泥最大配加比例为15.81%~16.80%。

因此，本研究酸洗污泥配加比例取值为0、5%、10%、15%、20%，即每100g铁矿粉和酸洗污泥混合料（以下简称混合料）中酸洗污泥含量分别为0g、5g、10g、15g、20g。

4.1.2 CaO配加量

设定烧结矿的碱度范围为1.5~2.5，其中对铁矿粉烧结基础特性中液相流动性指标进行研究时，试样碱度为4.0，酸洗污泥配加比例为0~20%、碱度用分析纯CaO调节。

CaO外加量按照式（4-1）计算，各碱度条件下计算的CaO外加量见表4-2。

$$CaO_{外} = R \times SiO_{2i\%} - CaO_{i\%} \tag{4-1}$$

式中，R为碱度；$SiO_{2i\%}$为烧结混合料中初始SiO_2质量分数；$CaO_{i\%}$为烧结混合料中初始CaO质量分数。

表4-2 CaO外加量 （g/100g混合料）

配加比例/wt.%	*R*1.5	*R*2.0	*R*2.5	*R*4.0
0	11.958	16.223	20.496	33.304
5	9.844	13.953	18.062	30.389
10	7.731	11.680	15.628	27.474
15	5.618	9.406	13.194	24.559
20	3.505	7.133	10.760	21.643

4.2 酸洗污泥作为烧结混合料基础特性

铁矿粉烧结本质是液相黏结成矿，烧结过程液相生成的温度、数量和组成等对烧结生产和烧结矿的质量有着重要影响，液相生成特性是铁矿粉烧结特性的重要衡量指标[9]。液相生成特性主要指液相开始生成温度、液相完全生成温度、液相流动温度、液相生成温度区间、液相生成量[10]。国内外学者对铁矿粉种类、烧结温度、碱度和气氛等条件下烧结液相生成特性的变化规律做了大量的研究[9,11-14]，明确了不同含铁炉料对铁矿粉液相生成特性的影响。研究者们就改变氧分压、添加Al_2O_3或MgO等条件对$CaO\text{-}SiO_2\text{-}Fe_2O_3$体系物相组成的变化进行了研究，但铁矿粉配加酸洗污泥在烧结过程主要涉及CaO、SiO_2、Fe_2O_3、Al_2O_3、MgO和CaF_2六种物质间的化学反应，需要对$CaO\text{-}SiO_2\text{-}Fe_2O_3\text{-}Al_2O_3\text{-}MgO\text{-}CaF_2$体系液相区变化进行研究。

本节利用FactSage热力学软件对烧结液相生成特性、铁酸钙和$CaO\text{-}SiO_2\text{-}$

Fe_2O_3-Al_2O_3-MgO-CaF_2 体系液相区的变化以及 S、F 和 Cr 等元素迁移变化进行热力学计算。同时，利用铁矿粉烧结基础特性实验，考察铁矿粉配加酸洗污泥液相生成特性温度、液相流动性和黏结相强度的变化，以明确酸洗污泥对铁矿粉烧结的影响。

4.2.1 热力学分析

4.2.1.1 计算条件

烧结过程的计算主要采用 FactSage 的 Equilib 和 Phase Diagram 模块，数据库选择 FToxid 和 FactPS，如图 4-2 所示。FToxid 中的 MeO 用于计算 FeO、MgO、CaO、MnO 等氧化物的固相反应，WOLLA 和 bC2S 用于计算 $CaSiO_3$、$MgSiO_3$、$FeSiO_3$、$CaSiO_4$ 等的固相反应，CAF2、C2AF 和 CAF 用于计算铁酸钙的生成，FToxid 中的 SLAGA 用于计算烧结过程中形成的液相；FactPS 用于单质氧分压的设定。

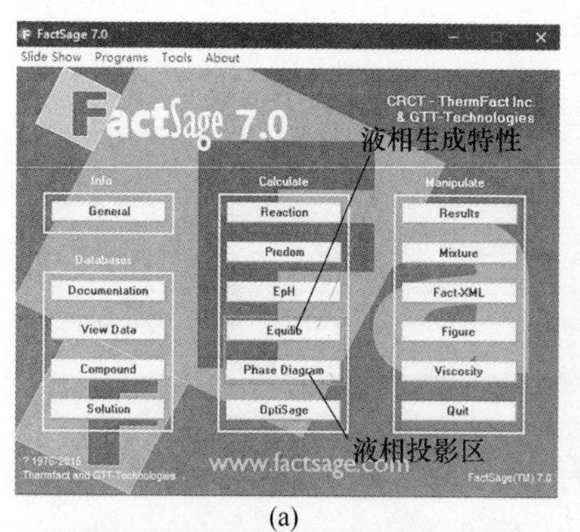

(a)

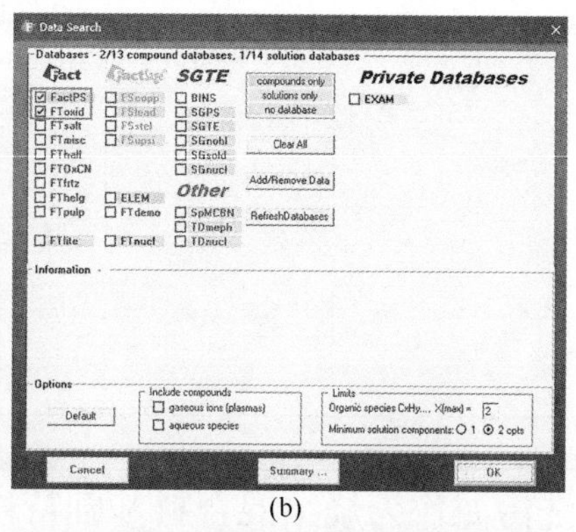

(b)

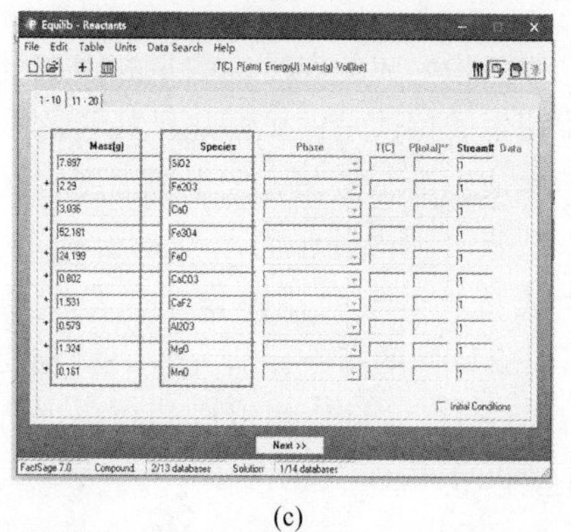

(c)

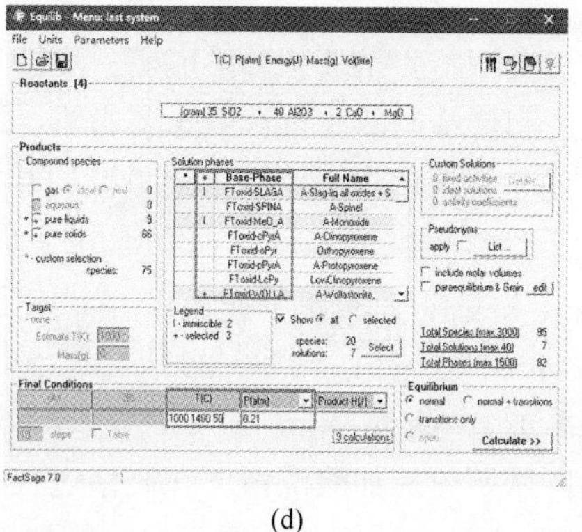

(d)

彩图请扫我

图 4-2 FactSage 操作流程

(a) 计算模块；(b) 数据库选择；(c) 原料输入；(d) 反应条件和固相选择

考虑实际烧结气氛，将计算参数设定为：氧分压 2.1×10^4Pa(0.21atm)，温度 1000~1400℃（步长 50℃），酸洗污泥质量分数 0~20%。控制配料碱度为 2，计算得到配料方案见表 4-3。

表 4-3 热力学计算原料成分 (wt.%)

酸洗污泥配比	TFe	FeO	Fe_2O_3	CaF_2	CaO	MgO	SiO_2	Al_2O_3	Cr_2O_3	$CaSO_4$
0	62.602	26.888	0.000	0.000	17.077	1.471	8.538	0.586	0.000	0.000
5%	60.273	25.543	1.145	0.765	16.435	1.398	8.218	0.583	0.272	0.032
10%	57.944	24.199	2.290	1.531	15.794	1.324	7.897	0.579	0.544	0.064
15%	55.615	22.855	3.436	2.296	15.152	1.250	7.576	0.575	0.816	0.096
20%	53.286	21.510	4.581	3.062	14.511	1.177	7.255	0.571	1.087	0.128

4.2.1.2 计算结果与分析

液相生成量大小标志着铁矿粉烧结过程中液相数量的多少，液相生成量充足，越容易黏结未熔化矿石颗粒。液相开始生成温度和液相完全生成温度表征了铁矿粉生成液相能力的强弱。液相流动温度表示生成的液相开始流动的强弱。液相生成温度区间表征烧结混合料层中液相生成的温度范围，液相生成温度区间越窄，说明烧结温度越不容易控制，反之亦然。铁酸钙作为烧结矿的重要黏结相，影响烧结矿的强度和还原性。

因此，研究铁矿粉 CaO-SiO_2-Fe_2O_3-MgO-Al_2O_3-CaF_2 体系液相和铁酸钙的变化对酸洗污泥在烧结过程利用至关重要。

A 酸洗污泥配入烧结矿对液相特性的影响

图 4-3 为酸洗污泥对烧结液相生成量的影响，烧结液相生成量与酸洗污泥配加量和烧结温度有关。1050℃以下烧结体系基本没有液相生成；1050~1200℃液相明显生成，且酸洗污泥配加比例超过 10%时，具有明显促进液相生成的能力；1200~1300℃铁矿粉液相生成量变化速率最大，但酸洗污泥对液相生成量的增加作用在 1300℃后开始减弱，当烧结温度达到 1350℃时，烧结体系几乎全部变为液相。

碱度对铁矿粉液相生成量有明显影响。碱度为 1.5 时，1100℃以下烧结体系基本没有液相生成，1200℃时体系内出现较多的液相，1200℃以后体系液相大量生成。碱度为 2.0 时，大约 10%的液相在 1100℃产生，1100~1200℃铁矿粉液相明显增加，1200℃以后体系液相生成量陡然增加。碱度为 2.5 时，1100℃铁矿粉液相生成量大约为 25%，1100℃以后体系液相生成变化率陡然增大。适宜的碱度（1.5~2.5）有利于烧结液相生成。

提高烧结温度有利于确保黏附粉内进行物理化学反应的条件，同时也有助于

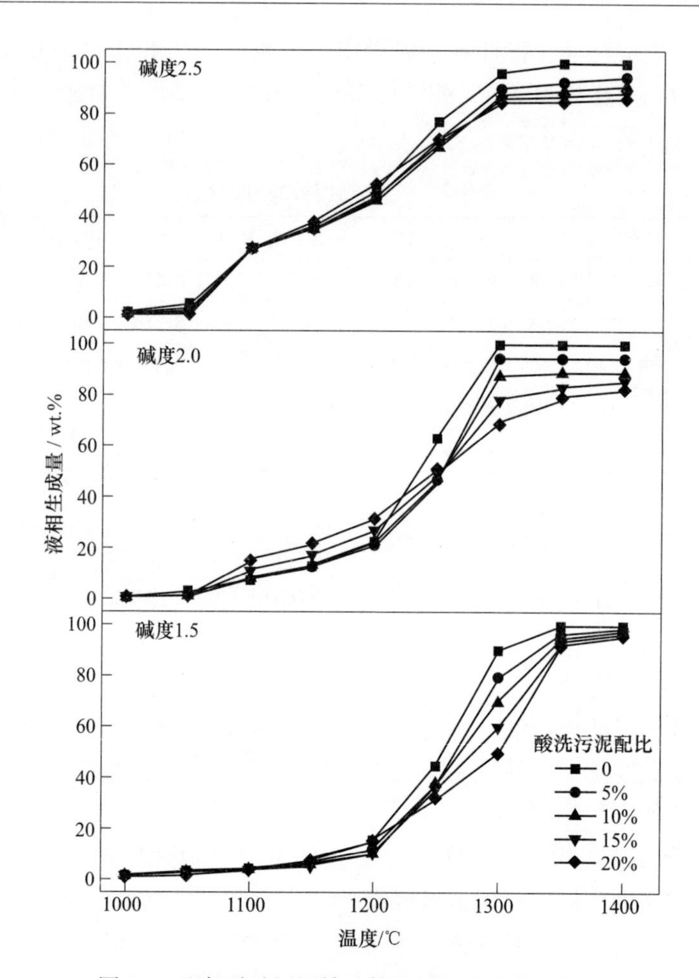

图 4-3 配加酸洗污泥铁矿粉液相生成量变化曲线

提高低熔点化合物生成速度的效应。一般情况下，随着烧结温度的升高，铁矿粉的液相生成量也会相应增加。铁矿粉烧结时，随着 CaO 的配入，可逐渐形成低熔点化合物使得液相生成量提高。CaF_2 能够降低铁矿粉熔化温度，促使液相生成量升高，但是随着酸洗污泥配加比例的增加，过多的 CaF_2 进入烧结原料中，CaF_2 具有促进枪晶石、抑制铁酸钙和硅酸二钙生成的作用，抑制了液相生成。

图 4-4 为酸洗污泥配比对液相生成温度的影响，随着酸洗污泥配加比例增加，液相开始生成温度不断降低，液相完全生成温度先增大后略微减少，液相生成温度区间不断扩大；随着碱度的增大，液相开始生成温度和液相完全生成温度不断降低，液相生成温度区间不断扩大。碱度为 1.5，酸洗污泥配加比例从 0 增加到 20%，液相开始生成温度由 1229℃降低至 1198℃，酸洗污泥配加比例从 5%增加至 20%，液相完全生成温度减小到 1263℃。碱度增至 2.0，酸洗污泥配加比

例从 5%增加至 20%时，液相完全生成温度减小到 1236℃，酸洗污泥配加比例从 0 增加到 20%，液相流动温度仅上升了 26℃。碱度为 2.5，液相开始生成温度由 1089℃降低至 1078℃，液相开始生成温度略微减小，酸洗污泥配加比例为 0 时，液相完全生成温度为 1200℃，酸洗污泥配加比例由 0 提高到 5%时，液相完全生成温度仅仅升高了 9℃。

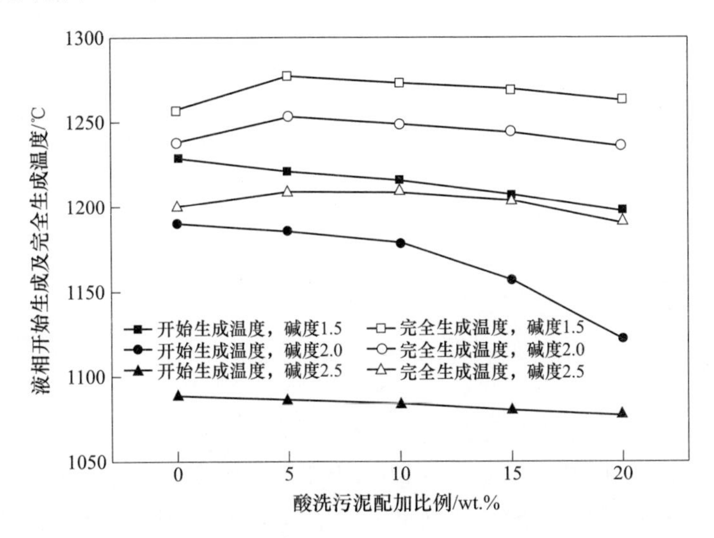

图 4-4 酸洗污泥配比对液相生成温度的影响

CaF_2 能与高熔点氧化物 CaO 形成低熔点共晶体，促进 CaO 的熔解和矿化，降低液相熔点，促使液相生成温度降低。碱度的提升，意味着铁矿粉中 CaO 含量的增多，有利于生成铁酸钙等低熔点的液相，引起液相生成温度随着碱度的提升整体降低。

图 4-5 为酸洗污泥配比对液相流动温度的影响。随着酸洗污泥配加比例和碱度的增加，液相流动温度缓慢增大。碱度为 1.5、不配加酸洗污泥时，液相流动温度为 1278℃，随酸洗污泥配加比例从 0 增加到 20%，液相流动温度上升了 47℃；碱度为 2.0、不配加酸洗污泥时，液相流动温度为 1259℃，随酸洗污泥配加比例从 0 增加到 20%，液相流动温度上升了 26℃；碱度为 2.5、不配加酸洗污泥时，液相流动温度为 1237℃，随酸洗污泥配加比例由 0 提高到 10%时，液相流动温度升高了 20℃，酸洗污泥配加比例大于 10%，液相流动温度开始下降，配加比例为 20%时，液相流动温度为 1251℃。

与 Fe_2O_3 相比，CaO 和 Fe_3O_4 不能发生反应，无法生成铁酸钙。MgO 为高熔点物质，含 MgO 矿物冷却过程中会析出高熔点矿物，如镁黄长石（1450℃）、钙镁橄榄石（1390℃）、镁蔷薇辉石（1570℃）。同时，MgO 和 Fe_3O_4 会生成熔点较高的镁尖晶石（1716℃）。过多的 CaF_2 会消耗 CaO 和 SiO_2 生成高熔点的枪晶

石（1850℃）。这些因素的综合影响致使液相流动性温度不断升高。

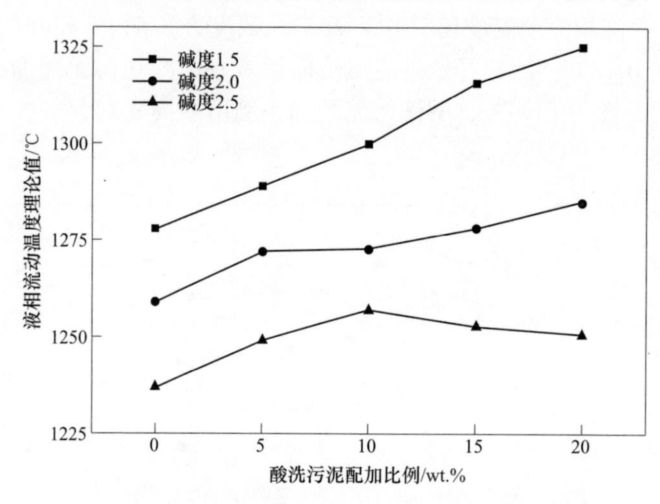

图 4-5　酸洗污泥配比对液相流动温度的影响

B　酸洗污泥对铁矿粉液相区的影响

利用 FactSage 中 Phase Diagram 模块计算铁矿粉配加不同比例的酸洗污泥，在不同的碱度和烧结温度条件下，$CaO\text{-}SiO_2\text{-}Fe_2O_3\text{-}MgO\text{-}Al_2O_3\text{-}CaF_2$ 体系液相和铁酸钙的变化，结果如图 4-6 所示。

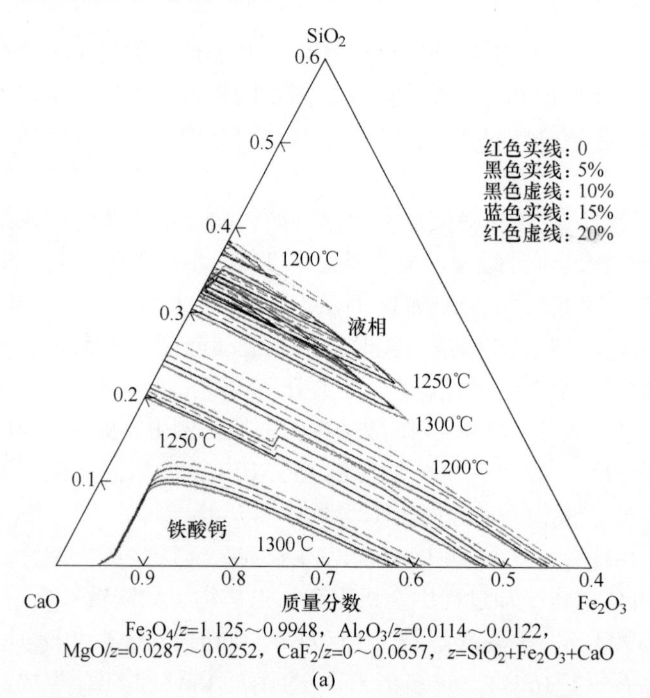

Fe_3O_4/z=1.125～0.9948，Al_2O_3/z=0.0114～0.0122，
MgO/z=0.0287～0.0252，CaF_2/z=0～0.0657，$z=SiO_2+Fe_2O_3+CaO$

(a)

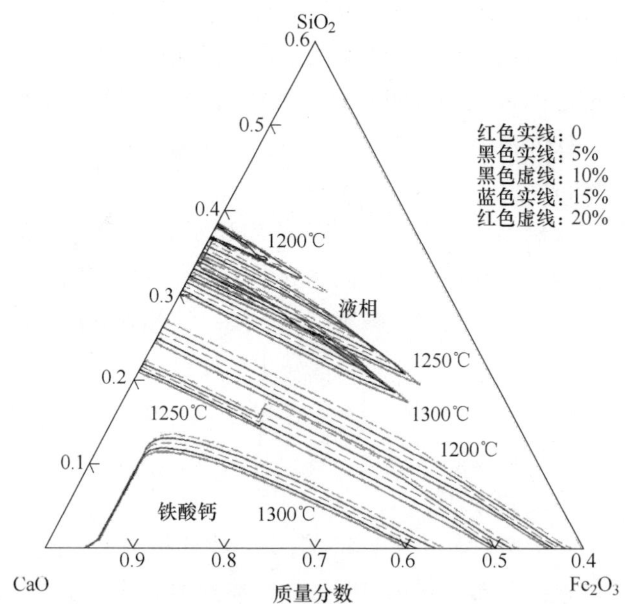

Fe_3O_4/z=1.0385～0.9230，Al_2O_3/z=0.0106～0.0114，
MgO/z=0.0265～0.0234，CaF_2/z=0～0.0609，$z=SiO_2+Fe_2O_3+CaO$

(b)

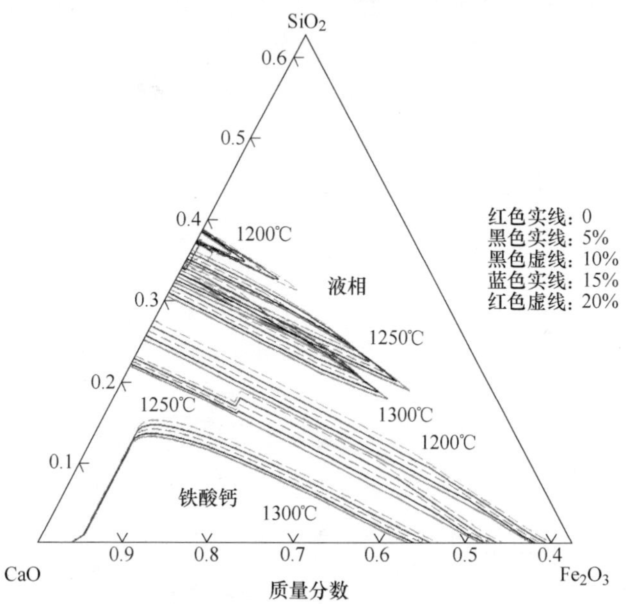

Fe_3O_4/z=0.9643～0.8609，Al_2O_3/z=0.0098～0.0106，
MgO/z=0.0246～0.0218，CaF_2/z=0～0.0568，$z=SiO_2+Fe_2O_3+CaO$

(c)

图 4-6 酸洗污泥配加比例对液相区的影响

(a) R1.5；(b) R2.0；(c) R2.5

碱度固定的情况下，随着酸洗污泥添加比例的升高液相区范围先增大后减小；同时，添加酸洗污泥有助于铁酸钙的生成。液相区在1200℃时最小且呈不规则状，铁酸钙生成范围最大。1250℃时，液相区最大，液相区形状变为长条带状；1250℃以后，铁酸钙生成范围继续缩小，并且朝 CaO 方向移动。1300℃时液相区的形状基本保持不变，液相区范围略微缩小。

酸洗污泥配加比例大于15%后，铁矿粉出现了靠近 SiO_2 区的副液相区。烧结温度保持不变，随着酸洗污泥配加比例的增加，液相区不断扩大且略微朝 SiO_2 方向移动，铁酸钙持续增加；提高碱度有利于烧结液相和铁酸钙的生成，但是碱度大于2.5时，会导致铁酸钙生成量略微减少。通过计算结果可以得出，铁矿粉配加酸洗污泥（0~10%）在低温（1250~1300℃）、适宜的碱度（2.0左右）烧结时，有利于改善铁矿粉烧结液相和铁酸钙的生成。

C　硫、氟和铬元素分布

利用 FactSage 热力学软件中 Equilib 模块，计算酸洗污泥配入烧结矿生产过程中硫、氟和铬元素的分布。计算表明，铁矿粉配加酸洗污泥在烧结过程中硫元素主要以 SO_2 的形式存在；氟元素分布在气相（FeF_3、MgF_3、AlF_3、CrF_3、CaF_2 和 SiF_4）和枪晶石（$Ca_4Si_2F_2O_7$）中，主要以枪晶石的形式存在；铬元素主要以液相（Cr_2O_3、CrO）和未熔化 Cr_2O_3 的形式存在。

图4-7为酸洗污泥配加比例对烧结气相质量变化的影响。酸洗污泥配加比例和碱度是影响烧结过程中产生的气体总量的主要因素，而温度对气体总量的影响小。随着碱度的增加，气体总量有所减小。

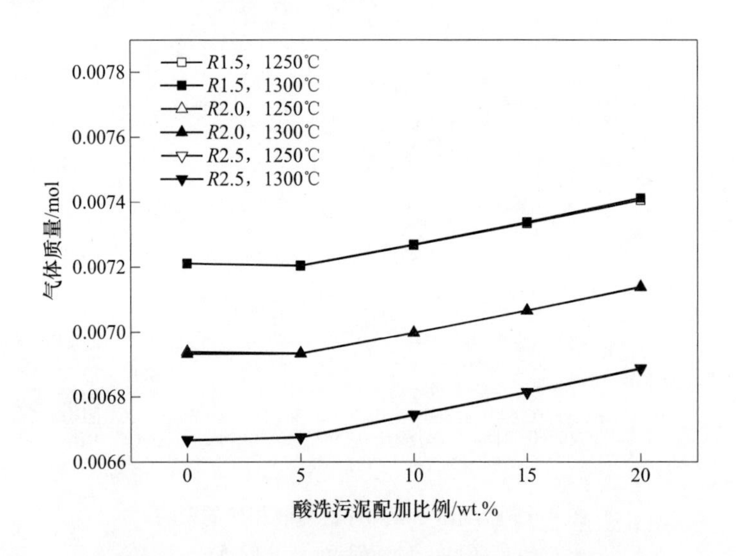

图4-7　酸洗污泥配加比例对烧结气相质量变化曲线

图 4-8 为铁矿粉配加酸洗污泥对 S 元素的影响。酸洗污泥配加比例和碱度是影响 SO_2 产生量的主要因素，温度的影响较小。碱度为 2.5、不配加酸洗污泥时，气相中 SO_2 摩尔占比最小，为 84.5%；酸洗污泥配加比例为 0~20%时，气相中 SO_2 占比分别从 91.6% 升高到 99.8%（*R*1.5）、88.2% 升高到 99.0%（*R*2.0）、84.5%升高到 95.4%（*R*2.5）。

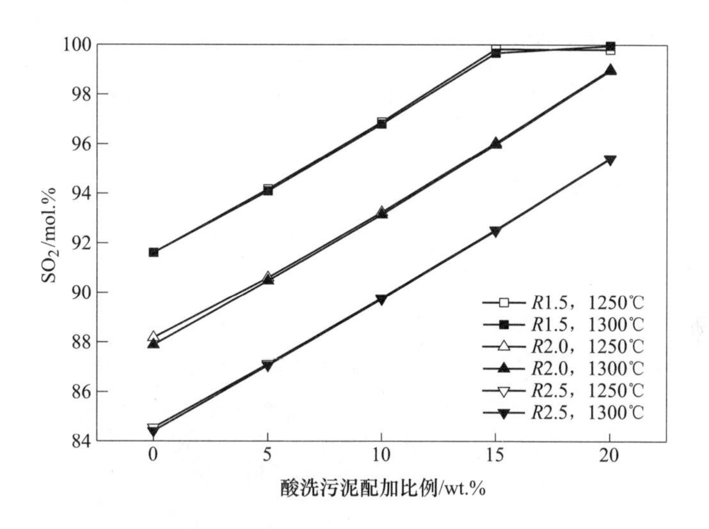

图 4-8　铁矿粉配加酸洗污泥对 S 元素的影响

图 4-9 为铁矿粉配加酸洗污泥对 F 元素分布的影响。气相和烧结液相中 F 元素的变化规律较为复杂。酸洗污泥配加比例越大，烧结温度越高，气相和烧结液

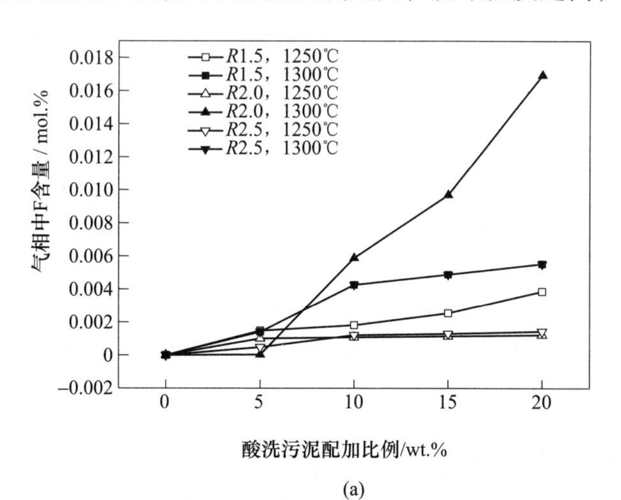

(a)

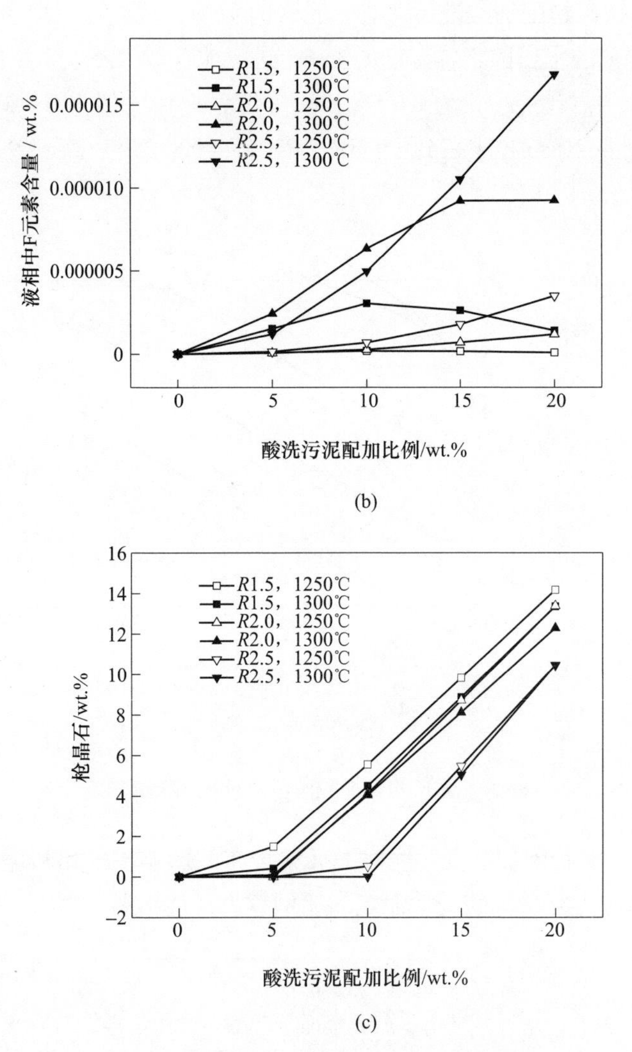

图 4-9　铁矿粉配加酸洗污泥对 F 元素分布的影响

（a）气相 F 元素；（b）液相 F 元素；（c）枪晶石

相中 F 元素的含量呈现增加的变化趋势，但总体量非常少。酸洗污泥配加比例越大，碱度和烧结温度越小，枪晶石含量就越大。

图 4-10 为铁矿粉配加酸洗污泥对 Cr 元素分布的影响。提高碱度和烧结温度有利于酸洗污泥中 Cr_2O_3 熔化进入液相。

4.2.2　实验方法

烧结基础特性实验方案和温度控制制度分别见表 4-4 和表 4-5。

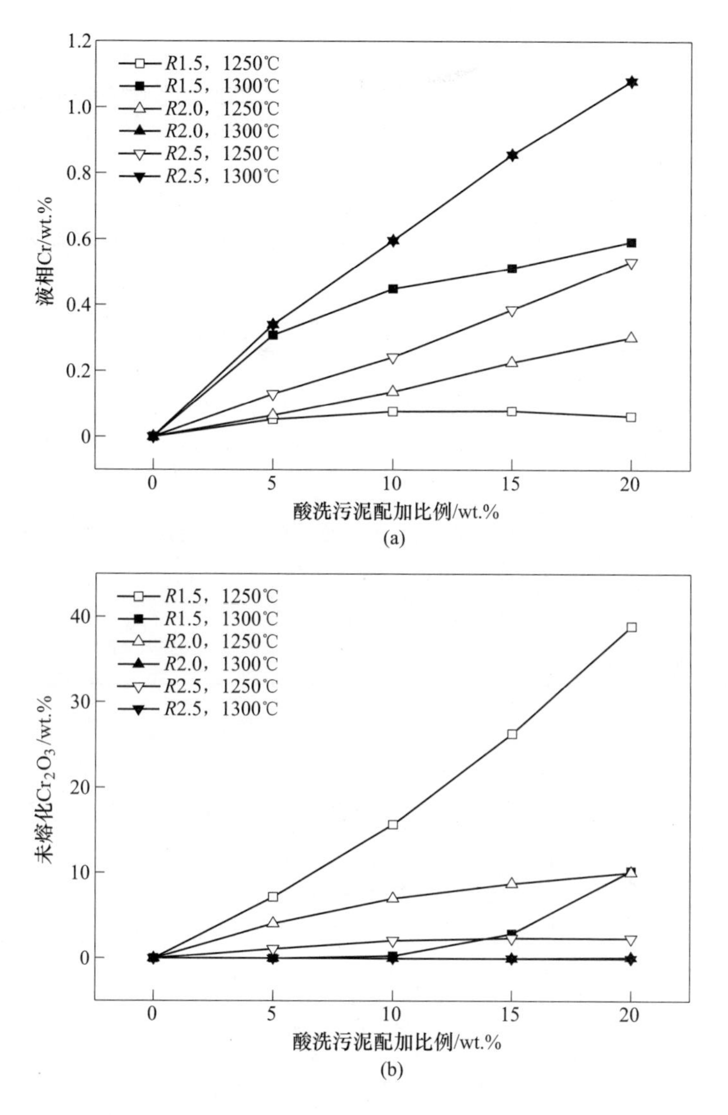

图 4-10　铁矿粉配加酸洗污泥对 Cr 元素分布的影响

（a）液相 Cr 元素；（b）未熔 Cr_2O_3

表 4-4　烧结基础特性实验方案

编号	酸洗污泥/wt. %	铁矿粉/wt. %	碱度 *R*	编号	酸洗污泥/wt. %	铁矿粉/wt. %	碱度 *R*
1 号	0	100	1.5	5 号	20	80	1.5
2 号	5	95	1.5	6 号	0	100	2.0
3 号	10	90	1.5	7 号	5	95	2.0
4 号	15	85	1.5	8 号	10	90	2.0

续表 4-4

编号	酸洗污泥/wt. %	铁矿粉/wt. %	碱度 *R*	编号	酸洗污泥/wt. %	铁矿粉/wt. %	碱度 *R*
9 号	15	85	2.0	15 号	20	80	2.5
10 号	20	80	2.0	16 号	0	100	4.0
11 号	0	100	2.5	17 号	5	95	4.0
12 号	5	95	2.5	18 号	10	90	4.0
13 号	10	90	2.5	19 号	15	85	4.0
14 号	15	85	2.5	20 号	20	80	4.0

表 4-5　烧结基础特性实验温度控制制度

<table>
<tr><td rowspan="2">液相生成特征性温度</td><td>温度/℃</td><td>室温～150</td><td>150～600</td><td>600～测定温度</td><td>测定温度～600</td><td colspan="2">600～室温</td></tr>
<tr><td>时间/min</td><td>15</td><td>30</td><td>53</td><td>炉冷</td><td colspan="2">水冷</td></tr>
<tr><td rowspan="2">液相流动性</td><td>温度/℃</td><td>室温～150</td><td>150～600</td><td>600～1250</td><td>1250 恒定</td><td colspan="2">1250～室温</td></tr>
<tr><td>时间/min</td><td>15</td><td>30</td><td>53</td><td>4</td><td colspan="2">炉冷</td></tr>
<tr><td rowspan="2">黏结相强度</td><td>温度/℃</td><td>室温～400</td><td>400 恒定</td><td>400～1000</td><td>1000～1280</td><td>1280 恒定</td><td>600～室温</td></tr>
<tr><td>时间/min</td><td>15</td><td>5</td><td>60</td><td>40</td><td>4</td><td></td></tr>
</table>

4.2.2.1　铁矿粉烧结液相生成特征温度

按照表 4-5 设定的升温制度，利用 MTLQ-RD-1600 型高温熔点熔速测定仪分析铁矿粉配加酸洗污泥烧结液相特性的变化规律。依据国家标准 GB/T 219—1996《煤灰熔融性的测定方法》，定义液相开始生成温度、液相完全生成温度和液相流动温度分别为试样高度收缩 20%、50%、70%对应的温度，液相生成温度区间为液相完全生成温度与液相开始生成温度的差值。实验具体步骤如下，用冲样器将准备好的实验混匀料（1 号～15 号）制备成 ϕ3mm×3mm 的圆柱形试样，放入干燥皿中备用；炉温升至 600℃，系统提示开始送样，将制好的试样放在炉内测点上方的垫片上，点击进料按钮使送样器进入炉内，并进行摄像调整；摄像调整好后，输入样品编号，图片捕捉方式，点击测试按钮；继续升温，随着温度的升高，计算机可自动记录试样不同收缩率对应的温度。

4.2.2.2　液相流动性

用压样机将提前准备好的实验混匀料（16 号～20 号）制备成 ϕ3mm×3mm 的圆柱形试样，每组 2 个平行试样。按照表 4-5 给出的升温制度，利用高温电阻炉将试样在 1280℃，保温 4min，随炉冷却后，用千分尺测量试样高温处理前后不同方向直径的变化，取其平均值计算试样面积变化。用液相流动指数来表征液相流动性，定义液相流动指数：

$$\alpha = (S_t - S_0)/S_0 \times 100\% \tag{4-2}$$

式中，α 为液相流动指数，无量纲；S_t为实验后试样面积，mm^2；S_0 为实验前试样面积，mm^2。

4.2.2.3 黏结相强度

用“干粉法”通过微机控制电子万能实验机和成型模具将准备好的实验混匀料（1 号~15 号）各 15g 压制成 ϕ20mm 的圆柱状试样，每组 3 个平行试样，成型压力 30kN，保压时间 30s。按照表 4-5 给出的升温制度，利用高温电阻炉将试样在 1280℃，保温 4min，制备得到试样。用微机控制电子万能实验机测定每组试样的抗压强度，抗压强度取 3 个试样的平均值。将黏结相强度试样一分为二，一部分研磨至小于 74μm(200 目）用于 XRD 检测分析，另一部分用镶样粉进行镶样、砂纸粗磨和调水氧化铬抛光以及无水乙醇清洁表面后，用于金相显微镜观察分析。

4.2.3 实验结果与分析

4.2.3.1 液相生成特征温度

铁矿粉配加酸洗污泥液相生成特征温度试样如图 4-11 所示。酸洗污泥配加比例分别为 0(R1.5~R2.5) 和 5%(R2.0) 时，液相生成特征温度试样基本完全

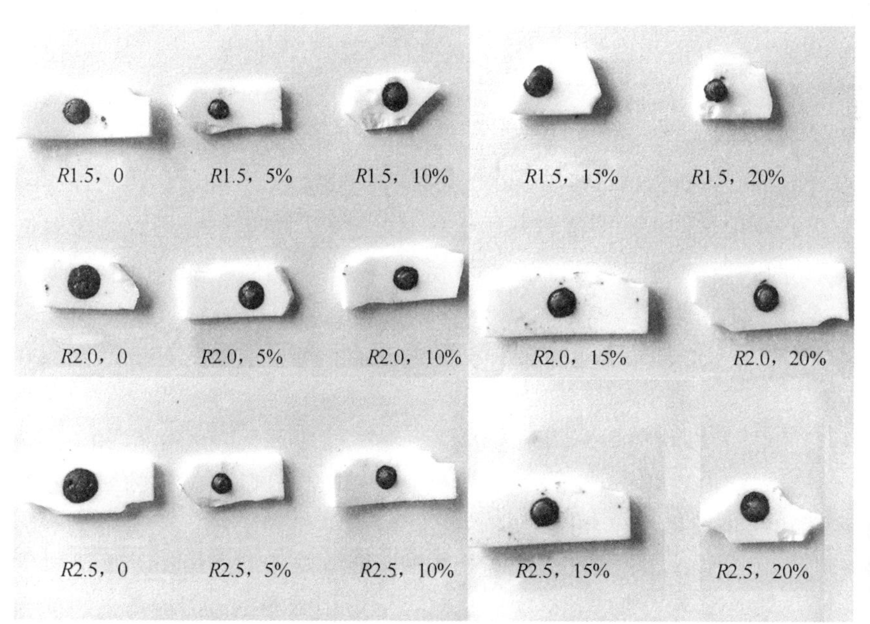

图 4-11 铁矿粉液相生成特征温度试样

熔化；其他酸洗污泥配加比例试样部分熔化，且配加比例大于10%时，试样表面出现少量孔洞。

酸洗污泥对液相开始生成温度的影响如图 4-12 所示。

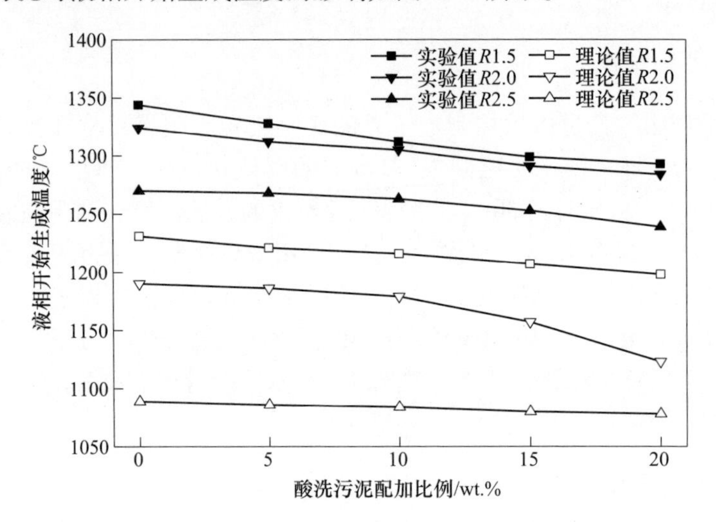

图 4-12　酸洗污泥对液相开始生成温度的影响

酸洗污泥对液相开始生成温度的影响与理论计算结果趋势基本一致。随着酸洗污泥配加比例和碱度的增加，铁矿粉液相开始生成温度呈不断降低趋势。酸洗污泥配加比例从 0 增加到 20%，碱度为 1.5 时，液相开始生成温度由 1344℃降低至 1293℃；碱度为 2.0 时，液相开始生成温度由 1324℃降低至 1284℃；碱度为 2.5 时，液相开始生成温度由 1270℃逐渐降低至 1239℃。分析其主要原因在于，随酸洗污泥配加比例提高，试样中 CaF_2 含量增多，CaF_2 能与高熔点氧化物 CaO 形成低熔点共晶体，促进 CaO 的熔解和矿化，F^-还能截断 Ca^{2+}和硅氧离子团之间的离子键，降低液相熔点，促使液相开始生成温度降低；碱度的提升，意味着铁矿粉中 CaO 含量的增多，有利于生成铁酸钙等低熔点的液相，导致液相生成温度随着碱度的提升整体降低。

酸洗污泥对液相完全生成温度和液相流动温度的影响分别如图 4-13 和图 4-14 所示。

从图 4-13 和图 4-14 可以看出，随着酸洗污泥配加比例从 0 增加到 20%，液相完全生成温度先增大后减小，液相流动温度则不断增大，随着碱度的增加液相完全生成温度和液相流动温度也会整体降低。碱度 1.5，酸洗污泥配加比例为 10%，液相完全生成温度最大（1382℃），不配加酸洗污泥，液相完全生成温度为 1373℃，酸洗污泥配加比例从 5%增加至 20%，液相完全生成温度缓慢降低到 1371℃。碱度 2.0，酸洗污泥配加比例 5%，液相完全生成温度最大为 1369℃，

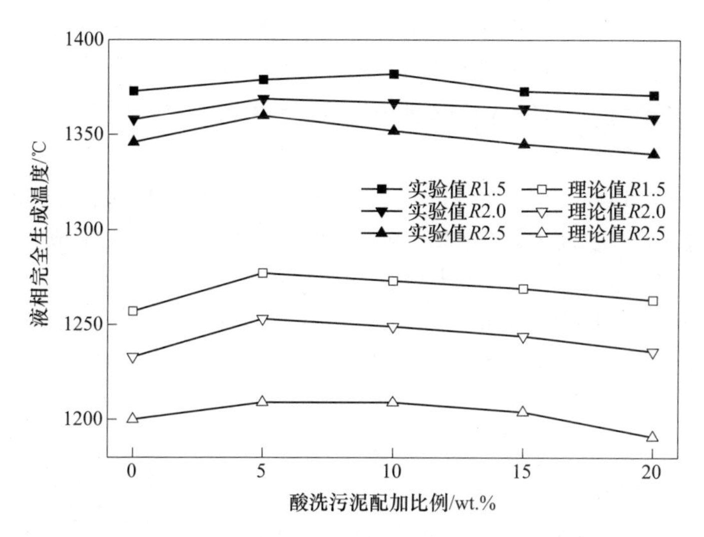

图 4-13 酸洗污泥对液相完全生成温度的影响

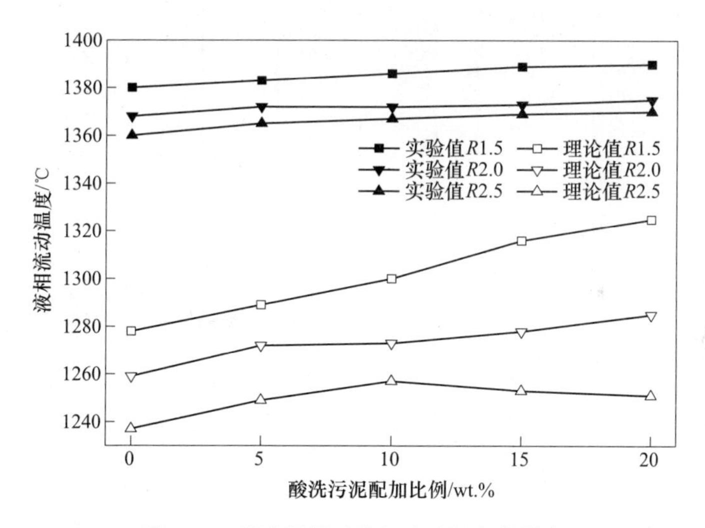

图 4-14 酸洗污泥对液相流动温度的影响

而不配加酸洗污泥，液相完全生成温度为 1358℃，酸洗污泥配加比例从 5%增加至 20%，液相完全生成温度降低 10℃。碱度为 2.5，不配加酸洗污泥，液相完全生成温度为 1346℃，酸洗污泥配加比例从 5%增加到 20%，液相完全生成温度从 1360℃降低到 1340℃。酸洗污泥配加比例由 0 增大到 20%，碱度为 1.5 时，液相流动温度从 1380℃增加到 1390℃；碱度为 2.0 时，液相流动温度从 1368℃增加到 1375℃；碱度为 2.5 时，液相流动温度从 1360℃增加到 1370℃。铁矿粉中 Fe_3O_4 含量高，Fe_3O_4 和 CaO 不发生固相反应，与赤铁矿相比，无法生成铁酸钙。MgO 为高熔点物质，MgO 和 Fe_3O_4 发生固相反应能够生成高熔点的镁尖晶石（1716℃）。同时，CaF_2 会消耗 CaO 和 SiO_2 生成高熔点的枪晶石（1850℃）。这就是液相完全生成温度先升高后降低，液相流动性温度不断升高的主要原因。

酸洗污泥配加比例对液相生成温度区间的影响如图 4-15 所示。液相生成温度区间为液相完全生成温度和液相开始生成温度的差值，液相生成温度区间的大小标志着液相生成的范围和烧结温度控制的难易程度。酸洗污泥配加比例从 0 增加到 20%，液相生成温度区间均有所扩大，这意味着，酸洗污泥有利于铁矿粉烧结液相的生成，并且烧结温度变得易于控制。

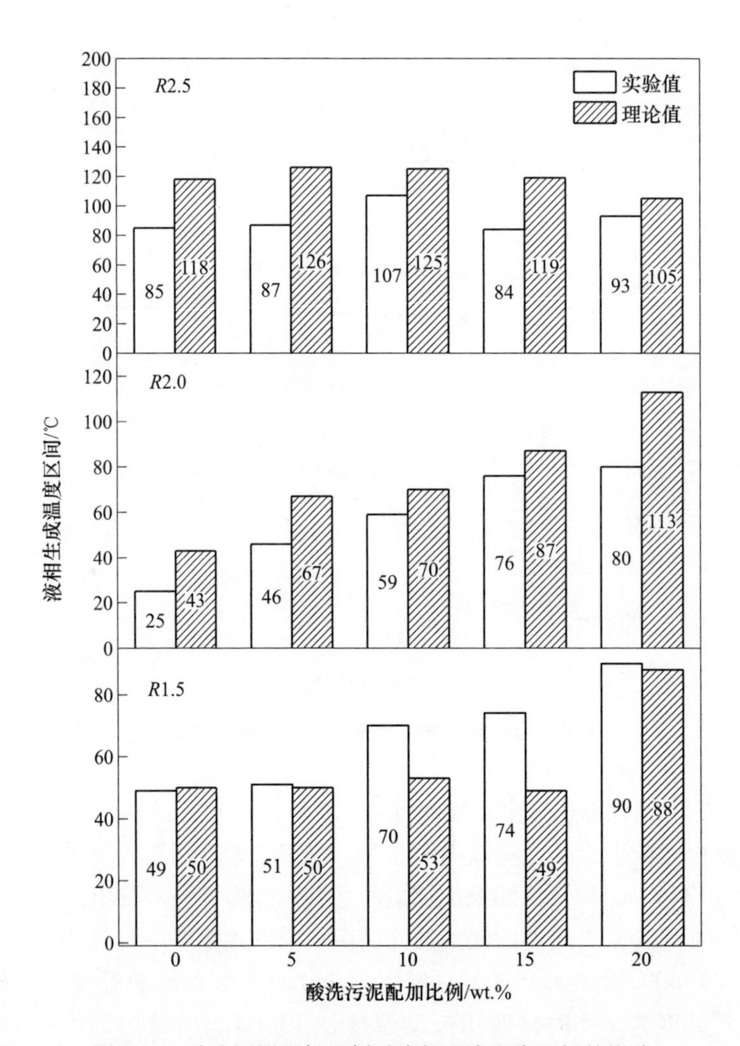

图 4-15　酸洗污泥配加比例对液相生成温度区间的影响

4.2.3.2 液相流动性

图 4-16 为液相流动性试样形貌，试样的拓展面积越大说明其液相流动性越强。

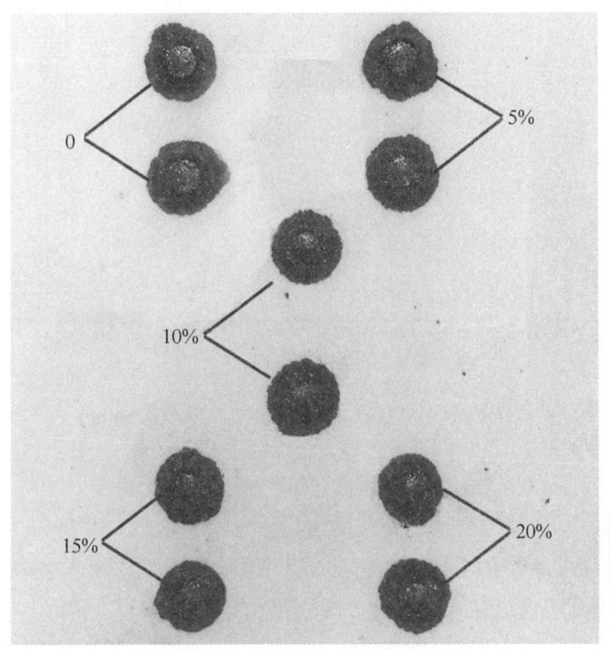

图 4-16 液相流动性试样形貌

酸洗污泥配加比例对液相流动性指数的影响如图 4-17 所示。液相流动指数越大，液相流动性就越大，铁矿粉液相生成量就越多。酸洗污泥配加比例从 0 增加到 20%（碱度为 4.0，实验号为 16 号~20 号），液相流动性指数从 18.424 降低到 13.282，铁矿粉液相流动性随酸洗污泥配加比例的增加持续恶化。

酸洗污泥配加比例增加，烧结料中 SiO_2、Al_2O_3、MgO、FeO 和 CaF_2 含量增加。SiO_2 是烧结液相生成的基础，SiO_2 含量越高越有利于铁矿粉烧结过程生成液相[15]；MgO 和 FeO 高温熔融条件下分解成 Mg^{2+} 和 Fe^{2+}，二者半径相近，由相似相溶原理，能够产生无限固溶，而 Mg^{2+} 和 Fe^{2+} 又是碱性物质，是硅酸盐网络的抑制物，有助于降低液相的黏度，引起液相流动性增大；Al_2O_3 能够促进 Al、Si 和 Ca 元素向铁酸钙相扩散富集，最终形成均一性良好的针状复合铁酸钙（SFCA）。但 CaF_2 能够与 CaO 和 SiO_2 发生反应生成枪晶石（$Ca_4Si_2F_2O_7$）[16]，消耗 CaO 和 SiO_2，抑制铁酸钙和硅酸二钙生成，随枪晶石生成量不断增加，液相生成量减少，液相流动性指数降低。

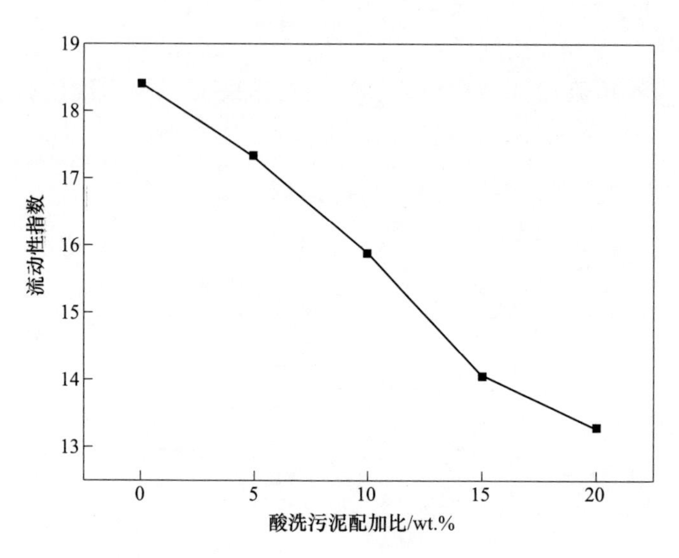

图 4-17　酸洗污泥配加比例对液相流动性指数的影响

4.2.3.3　黏结相强度

碱度 1.5、2.0 和 2.5，酸洗污泥配加比例 0、5%、10%、15%、20%，在 1280℃下保温 4min 后，试样黏结相强度测试后外观如图 4-18 所示。经烧结后试样结构变得致密，颜色黑灰，随碱度增大，外观略微疏松，颜色接近铁红色。

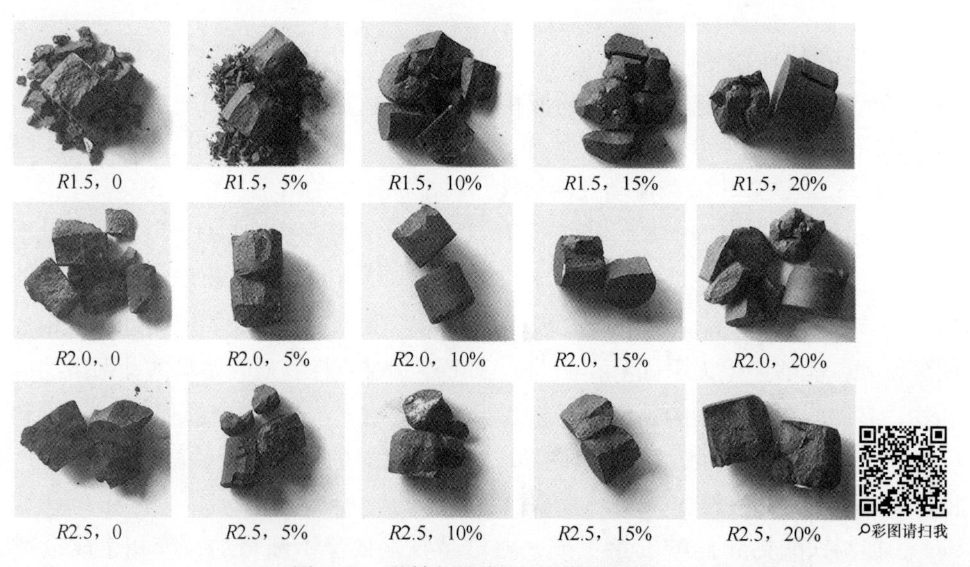

图 4-18　黏结相强度测试后试样外观

黏结相强度测试结果如图 4-19 所示。碱度越大黏结相强度越小。同碱度条件下随酸洗污泥配加比例增加，黏结相强度先增加后减小。酸洗污泥配加比例 0～10%，对碱度 1.5 和 2.5，相应的黏结相强度分别由 10.39kN 增加到 15.12kN，由 6.09kN 增加到 10.86kN，而随酸洗污泥配加比例从 15%增加到 20%时，相应的黏结相强度分别减小到 12.39kN 和 7.61kN。

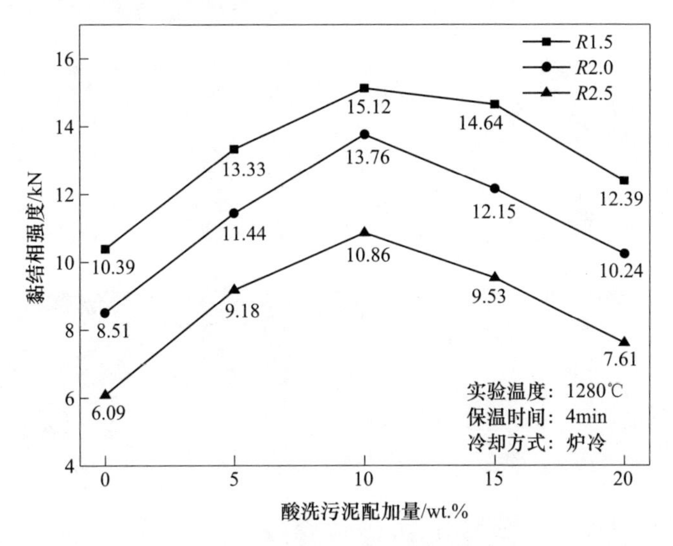

图 4-19　酸洗污泥对黏结相强度影响曲线

黏结相强度测试后的试样的显微组织和物相组成结果如图 4-20 和图 4-21 所示。铁精粉烧结矿中常见矿物主要为赤铁矿、磁铁矿、铁酸钙、钙铁橄榄石、玻璃相[17]。

从图 4-20 可见，不配加酸洗污泥时，各矿相之间没有明显的界线；赤铁矿以片状、粒状或菱形状形态存在；磁铁矿主要以他形晶和粒状存在，与铁酸钙呈熔蚀结构；铁酸钙多以柱状和针状形态存在，铁酸钙中间交织着硅酸盐相。随着酸洗污泥配加比例提高，赤铁矿含量增多，磁铁矿和铁酸钙含量降低，硅酸盐相含量增多，液相占比降低。酸洗污泥配加比例为 15%或者 20%时，矿相中出现大量的细小空洞。随着碱度的增加，各矿相分布不规则，但晶粒尺寸变化不大。碱度 2.5 时，不配加酸洗污泥的黏结相中出现大量的孔洞，各矿相熔蚀交织在一起。这是因为铁矿粉中含有 MgO，MgO 能够抑制铁酸钙液相的生成，导致液相中气孔增加，使液相黏度升高。另外，铁矿粉中的结晶水分解容易使黏结相形成裂纹和残余气孔[18]。黏结相主要由强度和还原性均较好的铁酸钙，脆性大、还原性差的玻璃质，以及强度较差的铁橄榄石等组成。黏结相强度随着酸洗污泥配加比例的增加先增加后减小，且随着碱度的增加黏结相强度整体减小。

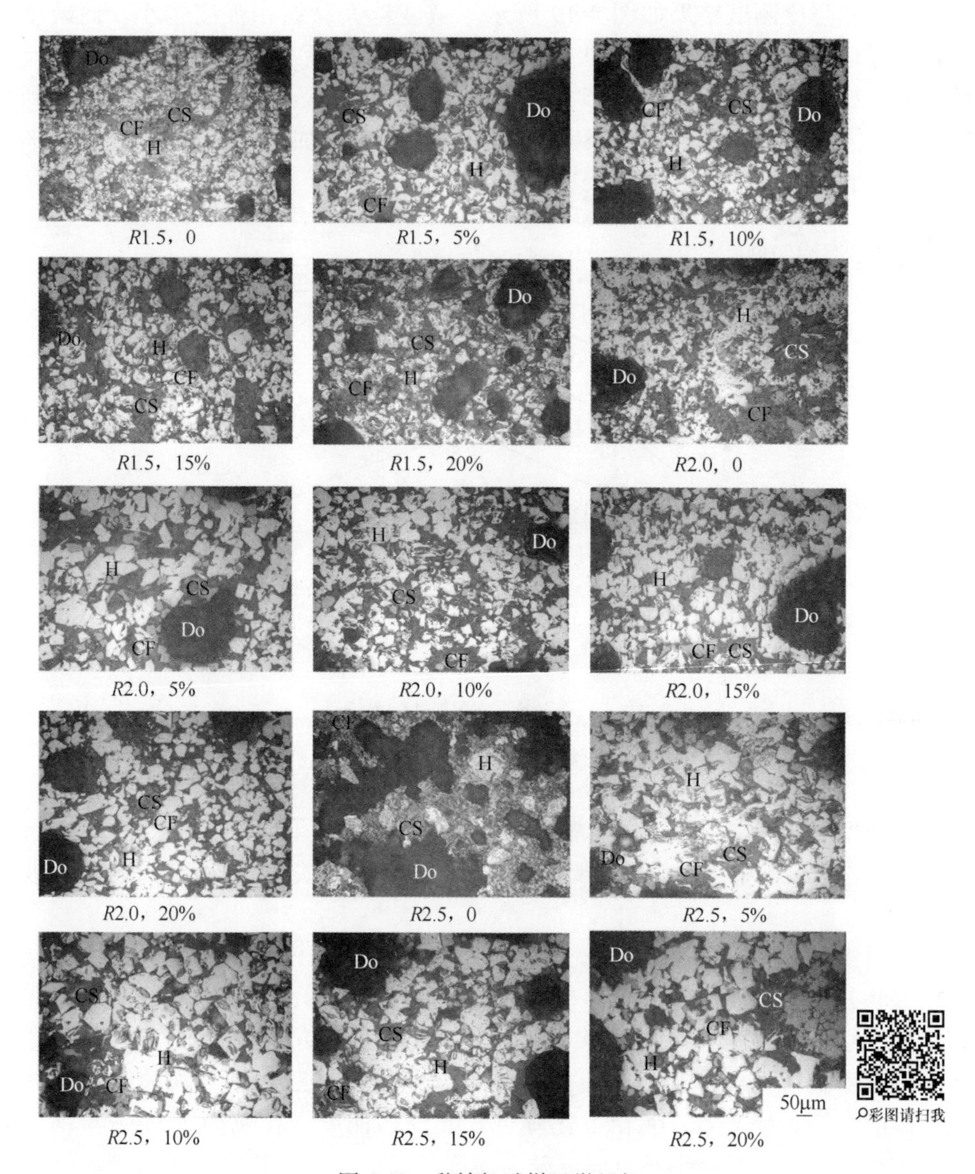

图 4-20　黏结相试样显微组织

H—赤铁矿（白色）；CS—硅酸盐（浅灰色）；CF—铁酸钙（深灰色）；Do—孔洞（黑色）

由图 4-21 可以看出，不添加酸洗污泥的铁矿粉黏结相物相组成主要为赤铁矿（Fe_2O_3）、磁铁矿（Fe_3O_4）、铁酸钙（$CaO \cdot Fe_2O_3$）和硅酸二钙（Ca_2SiO_4），配加酸洗污泥后，因为酸洗污泥中含有高含量的 CaF_2，在烧结过程中会与 CaO、SiO_2 结合形成枪晶石（$Ca_4Si_2F_2O_7$），使氟以枪晶石的形式赋存于烧结矿中[19]，枪晶石的增加使烧结矿宏观上呈现薄壁多孔结构，导致烧结矿强度降低，冶金性能变差，因此要严格控制反应过程，避免枪晶石的产生[16]。同碱度条件下，随着酸洗污泥配加比例的增加，铁矿粉黏结相、赤铁矿和磁铁矿含量先增加后略微减小，且随着碱度的增加，铁矿粉黏结相、赤铁矿、硅酸盐含量减小[20]。

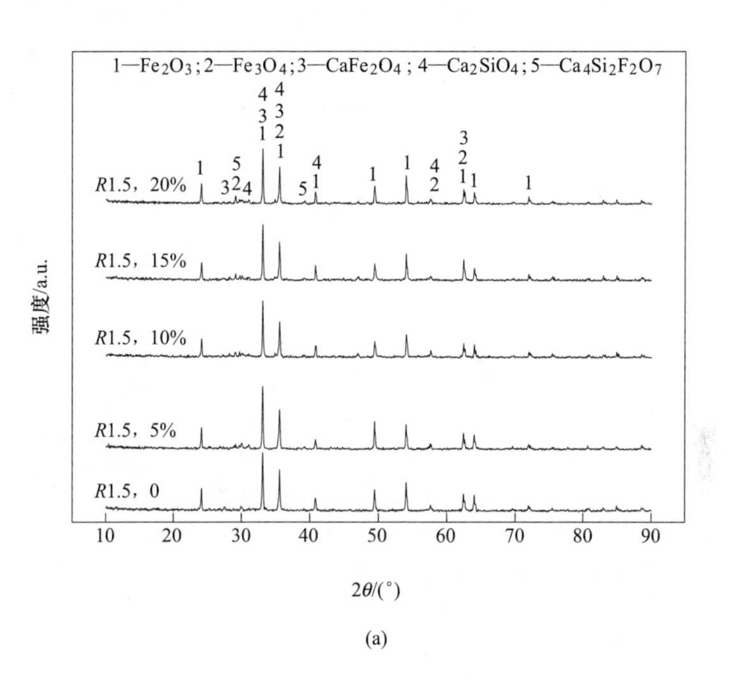

(a)

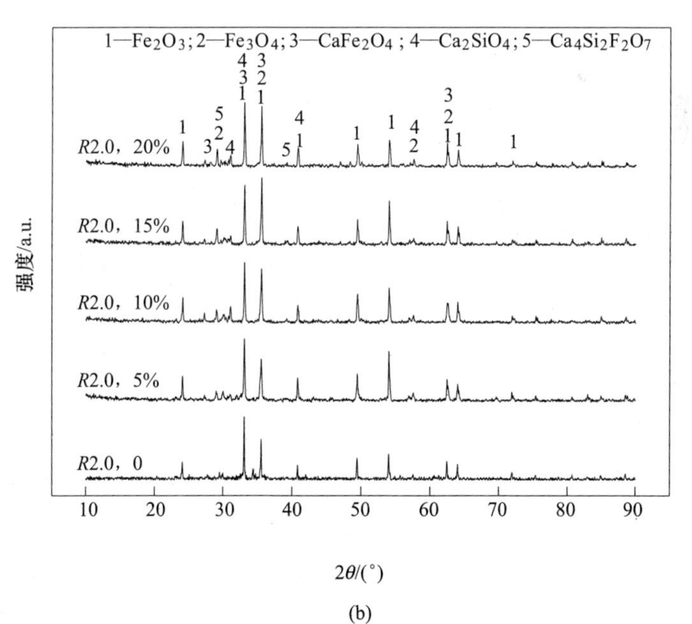

(b)

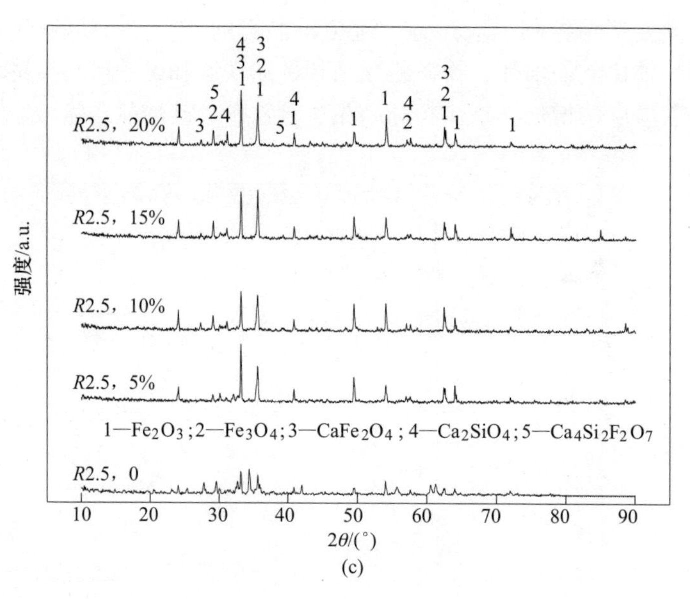

图 4-21　黏结相试样物相组成

4.3　酸洗污泥平衡相烧结特性

较高的机械强度和良好的冶金性能是对烧结矿质量要求的两项重要指标，烧结的冷、热态强度和抗粉化性能以及软熔温度、还原性能无不与矿物组成和微观结构有着密切的关系。本节借助平衡相烧结实验，研究酸洗污泥作为烧结配料对烧结矿平衡相的影响，分析酸洗污泥配加比例和碱度等因素变化时，铁矿粉平衡烧结相组成和微观结构变化以及 S、F 和 Cr 元素的迁移规律。

4.3.1　实验方法

根据表 4-4 对平衡相烧结实验用料（1 号～15 号）进行称量、混匀。平衡相烧结实验温度控制制度见表 4-6。

表 4-6　平衡相烧结实验过程温度控制制度

温度/℃	室温～1000	1000～1300	1300（恒定）	1300～室温
时间/min	120	43	240	炉冷

用“干粉法”通过微机控制电子万能实验机和成型模具将提前准备好的实验混匀料（1 号～15 号）各 15g 压制成 ϕ20mm 的圆柱状试样，每组 2 个试样，成型压力 30kN，保压时间 30s。按照表 4-6，利用高温电阻炉将试样在 1300℃，保温 240min，待反应时间到达后，试样随炉冷却至室温后取出，得到平衡相烧结

试样。将平衡相烧结试样一分为二，一部分研磨至74μm（200目）用于XRD检测分析，另一部分用镶样粉进行镶样、砂纸粗磨和抛光剂以及无水乙醇清洁表面后，用于矿相显微镜观察，再经过喷金处理用于扫描电镜-能谱检测。

图4-22为平衡相烧结实验试样，试样外观受到碱度和酸洗污泥配加比例的影响，且影响规律不同。碱度小于2.0时，随着酸洗污泥配加比例的增加试样逐渐出现了熔化现象，酸洗污泥配加比例大于15%，这种现象就变得更加明显；碱度为2.5时，随着酸洗污泥配加比例从0到20%，试样的熔化现象逐渐减弱，试样能够保持柱状；酸洗污泥配加比例相同的情况下，碱度越大试样的熔化现象就越明显。

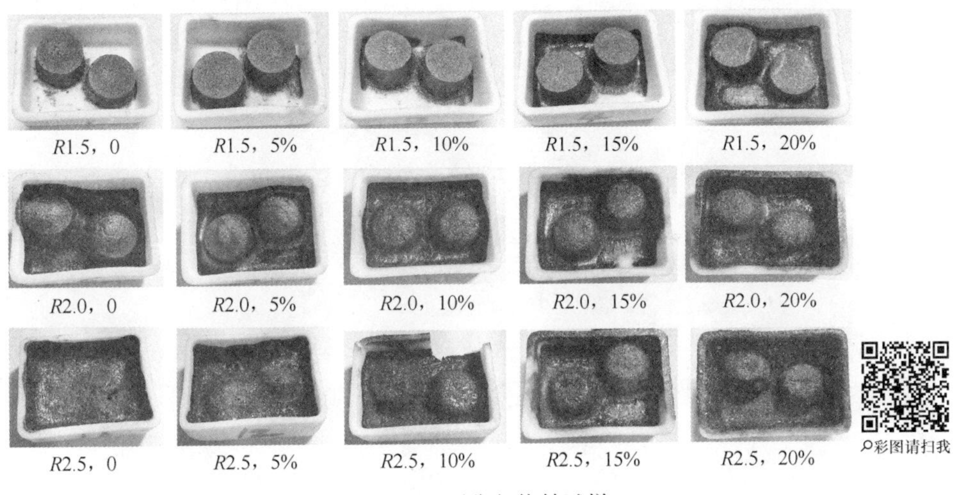

图4-22　平衡相烧结试样

4.3.2　平衡烧结相分析

4.3.2.1　酸洗污泥对平衡烧结相矿物组成的影响

碱度为1.5、2.0和2.5，酸洗污泥配加比例从0增加到20%时，在1300℃下保温240min后的平衡相烧结试样的显微组织（光学显微镜下放大200倍）如图4-23所示。

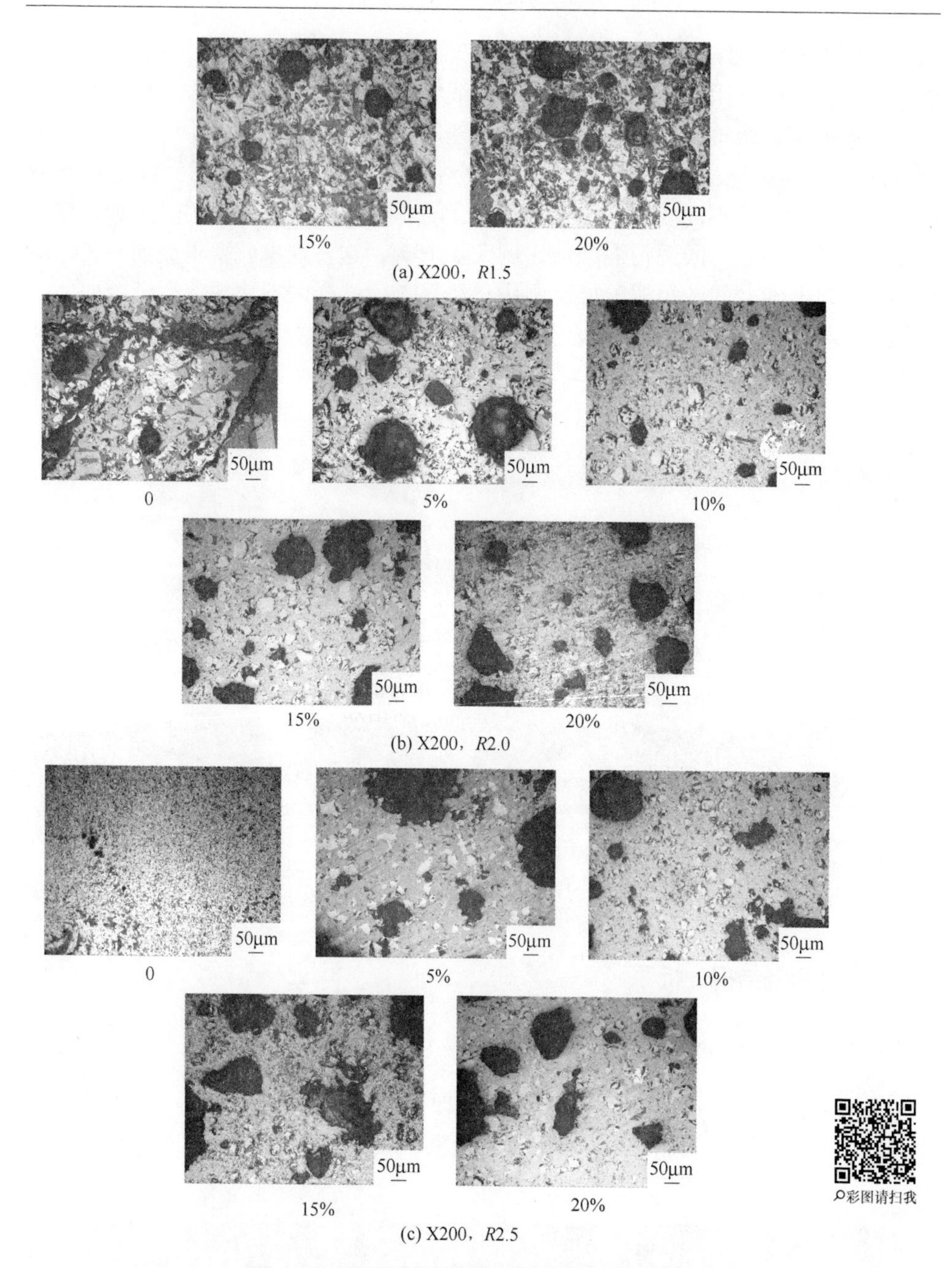

图 4-23　酸洗污泥对烧结试样显微结构的影响

白色—赤铁矿；浅灰色—磁铁矿；深灰色—铁酸钙；黑色—硅酸盐相和孔洞

由图 4-23 可以看出，碱度为 1.5、2.0 和 2.5，酸洗污泥配加比例从 0 增加到 20%时，各矿相的变化规律相似，即赤铁矿质量分数先增加后减小，磁铁矿质量分数逐渐减少，铁酸钙质量分数降低，硅酸盐相和孔洞含量增多，枪晶石与硅酸盐等玻璃相交织在一起，但显微结构不同。

在碱度为1.5时，赤铁矿由骸骨状逐渐变为片状或者粒状，多以片状、粒状或菱形状形态存在，晶粒逐渐减小且规则化，与铁酸钙具有明显的界面，酸洗污泥配加比例为10%时，这一现象最为明显；磁铁矿主要以他形晶和粒状存在，与铁酸钙呈熔蚀结构；铁酸钙多以柱状和针状形态存在，柱状或针状铁酸钙中间交织着柱状或粒状的硅酸盐相。酸洗污泥配加比例大于15%，烧结矿呈现薄壁大气孔结构。不配加酸洗污泥时，矿相晶粒粗大，各矿相交织融合在一起，没有明显的界线[21]。

在碱度为2.0时，赤铁矿多以片状、粒状或菱形状形态存在，晶粒逐渐减小，与各矿相间的晶界不明显，交织熔蚀现象随着酸洗污泥的配加愈发严重。酸洗污泥配比大于15%，赤铁矿以粒状形状分布在烧结矿中，烧结矿呈现薄壁大气孔结构。磁铁矿主要以他形晶和骸状存在，与铁酸钙呈熔蚀结构；铁酸钙多以柱状和针状形态存在，柱状或针状铁酸钙中间交织着柱状或粒状的硅酸盐相。不配加酸洗污泥时，各矿相晶粒尺寸粗大，但各矿相界线明显。

在碱度为2.5时，随酸洗污泥加入，赤铁矿由树枝状变为片状或者粒状，晶粒变化不规则，与铁酸钙无明显界面；磁铁矿主要以粒状形式存在，与铁酸钙呈熔蚀结构；铁酸钙多以柱状和针状形态存在，柱状或针状铁酸钙中间交织着柱状或片状的硅酸盐相，且高碱度烧结条件下，各矿相的熔蚀现象明显。酸洗污泥配加比例为5%时，各矿相晶粒尺寸较小，且存在较为明显的界线，酸洗污泥配加比例大于5%时，烧结矿呈现薄壁大气孔结构。

碱度为1.5、2.0和2.5，酸洗污泥配加比例从0增加到20%时，在1300℃下保温240min后的平衡相烧结试样的物相组成如图4-24所示。

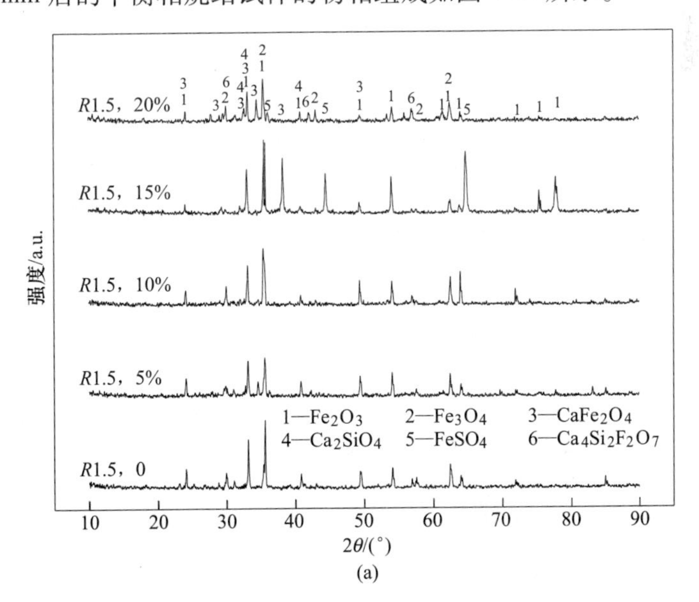

(a)

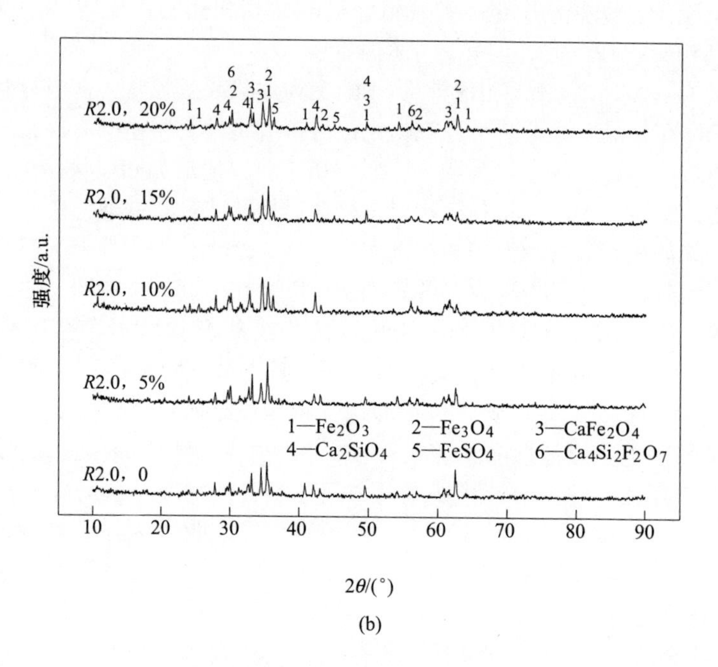

(b)

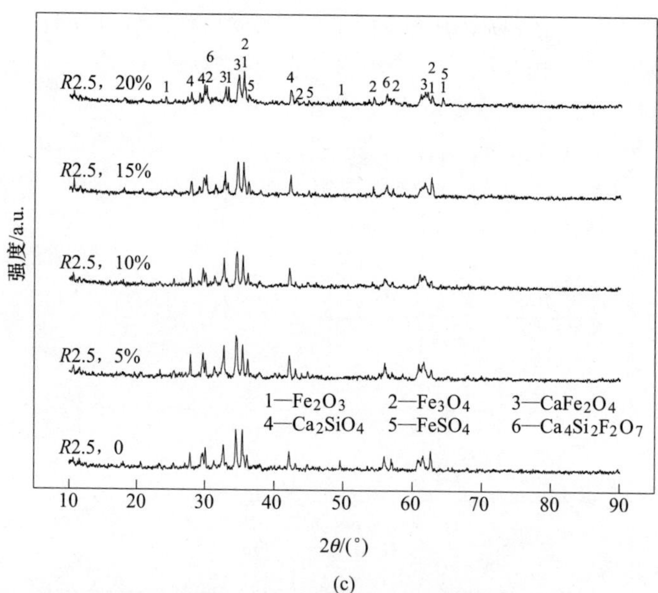

(c)

图 4-24　酸洗污泥对烧结平衡相 XRD 物相组成的影响

由图 4-24 可以看出，不配加酸洗污泥、碱度为 1.5 的试样，矿物组成主要为赤铁矿（Fe_2O_3）、磁铁矿（Fe_3O_4）、铁酸钙（$CaO \cdot Fe_2O_3$）和硅酸二钙

(Ca_2SiO_4)；配加酸洗污泥后，平衡相烧结实验试样矿物组成变得复杂，除了以上组成外新增枪晶石（$Ca_4Si_2F_2O_7$）；当酸洗污泥配加比例为15%时，出现少量的 $FeSO_4$，且随着酸洗污泥配加比例的增加，赤铁矿和磁铁矿质量分数先减少后增加，铁酸钙和枪晶石质量分数逐渐增加。

碱度2.5时，添加酸洗污泥使得平衡相烧结试样矿物组成较碱度为1.5时变得更为复杂，强度较小的衍射峰较多。配加酸洗污泥的烧结矿，同样出现少量枪晶石（$Ca_4Si_2F_2O_7$）。当酸洗污泥配比大于10%时，出现少量的 $FeSO_4$。随着酸洗污泥配加比例的增加，赤铁矿和磁铁矿含量先增加后减少，铁酸钙和枪晶石含量逐渐增加。

不配加酸洗污泥、碱度为2.5的试样，相比碱度为1.5的试样，矿物组成中含少量的 $FeSO_4$，配加酸洗污泥后同样新增少量枪晶石（$Ca_4Si_2F_2O_7$），且随着酸洗污泥配加比例的增加，铁酸钙和枪晶石质量分数逐渐增加，赤铁矿和磁铁矿质量分数先减少后增加。

之所以会出现这种现象，是因为酸洗污泥中含有 MgO、SiO_2 以及 CaO 和 CaF_2 等成分，在烧结过程中晶型转变会生成一定的钙铁橄榄石和硅酸盐玻璃质，使得烧结矿的还原性以及烧结矿的强度增强。

利用 IPP 软件对碱度为1.5、2.0和2.5，酸洗污泥配加比例0~20%烧结试样各矿相含量进行分析，结果如图4-25所示。

由图4-25中可以看出，随着酸洗污泥配加比例的增加，赤铁矿、磁铁矿和铁酸钙的含量先增加后减小。

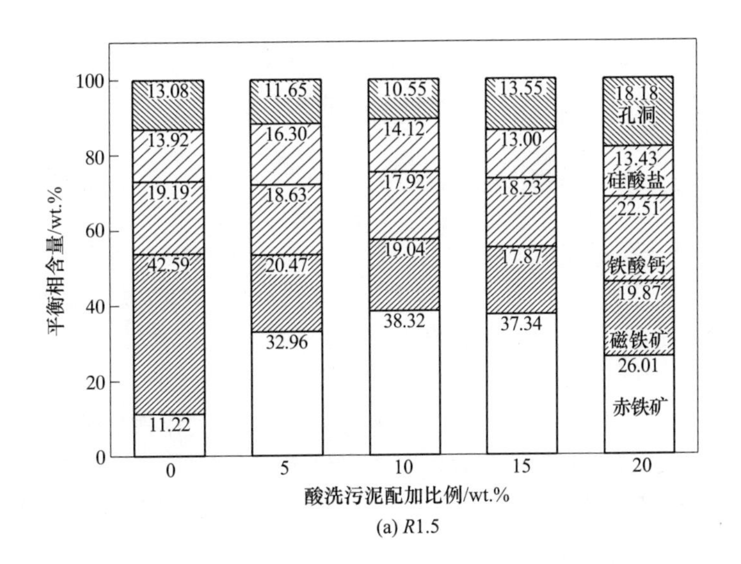

(a) $R1.5$

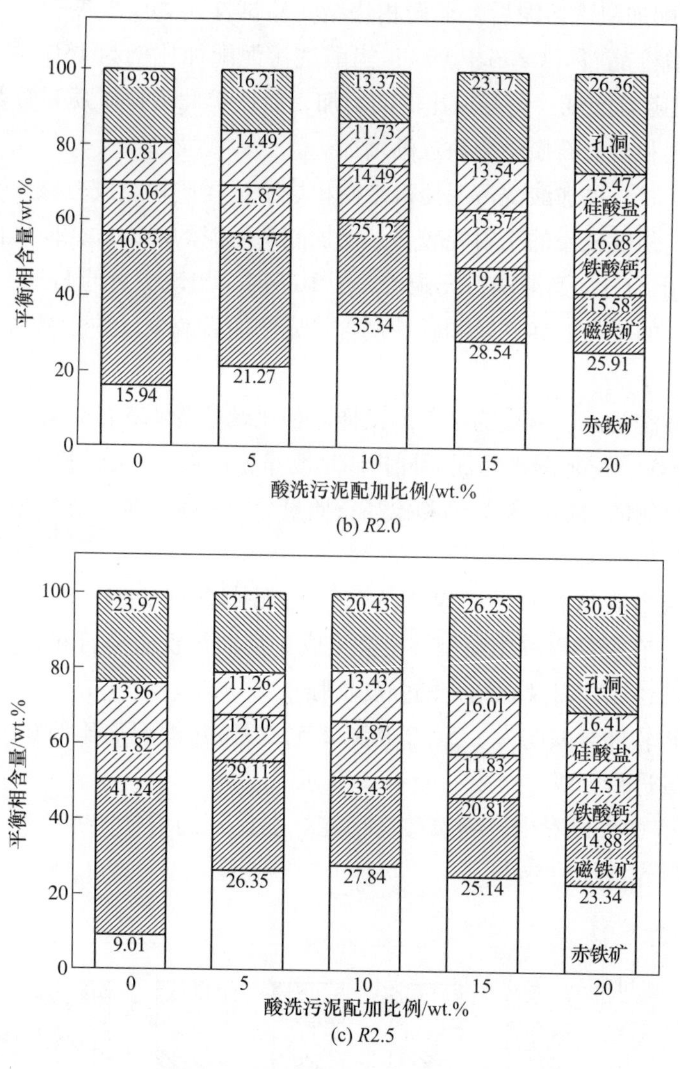

(b) *R*2.0

(c) *R*2.5

图 4-25　烧结平衡相 IPP 相物组成

碱度为 1.5、不配加酸洗污泥时，赤铁矿、磁铁矿和铁酸钙的含量之和为 73%；酸洗污泥配加比例为 10%时，赤铁矿、磁铁矿和铁酸钙的含量最大（75.28%）；酸洗污泥配加比例为 20%时，赤铁矿、磁铁矿和铁酸钙的含量最小（68.39%）。

碱度为 2.0、不配加酸洗污泥时，赤铁矿、磁铁矿和铁酸钙的含量之和为 69.83%；酸洗污泥配加比例为 10%时，赤铁矿、磁铁矿和铁酸钙的含量最大（74.95%）；酸洗污泥配加比例为 20%时，赤铁矿、磁铁矿和铁酸钙的含量最小（58.17%）。

碱度为2.5、不配加酸洗污泥时，赤铁矿、磁铁矿和铁酸钙的含量之和为62.07%；酸洗污泥配加比例为5%时，赤铁矿、磁铁矿和铁酸钙的含量最大(67.56%)；酸洗污泥配加比例为20%时，赤铁矿、磁铁矿和铁酸钙的含量最小(52.73%)。

从以上分析可以看出，酸洗污泥对平衡相组成和含量的影响主要决定于酸洗污泥配加比例和烧结碱度。碱度为1.5，酸洗污泥配加比例5%~10%，1300℃保温4h，有利于赤铁矿和铁酸钙的生成，促进含铁矿相和其他黏结相形成明显的晶界。提高碱度（大于2.0）有利于铁酸钙的生成，但是过多的酸洗污泥（大于5%）加速了各平衡相晶粒的生长，使得各相熔蚀交织在一起，不利于烧结矿的还原。

4.3.2.2 酸洗污泥对平衡烧结相微观结构的影响

铁矿粉配加酸洗污泥对平衡相的组成和含量产生了明显影响，同时一定程度受到碱度的作用。为了更加深入地研究铁矿粉配加酸洗污泥对平衡烧结相显微结构的影响，特别是对铁酸钙相的影响，在酸洗污泥配加比例0~20%时，利用SEM-EDS对碱度为1.5和2.0相应的平衡相烧结试样进行分析。

图4-26~图4-30为碱度1.5、酸洗污泥配加比例0~20%时，铁酸钙特征点微观形貌和能谱分析结果[22]。

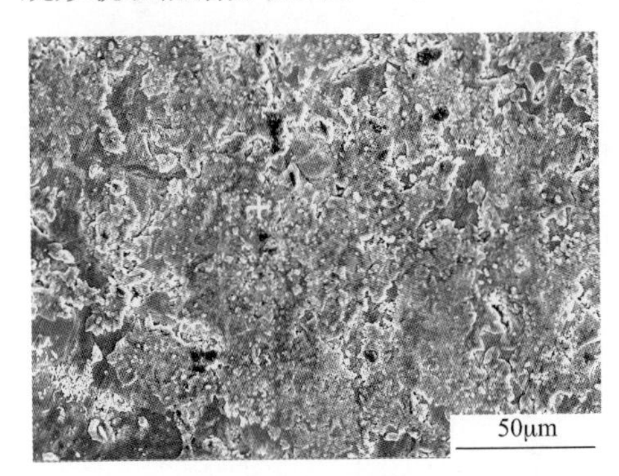

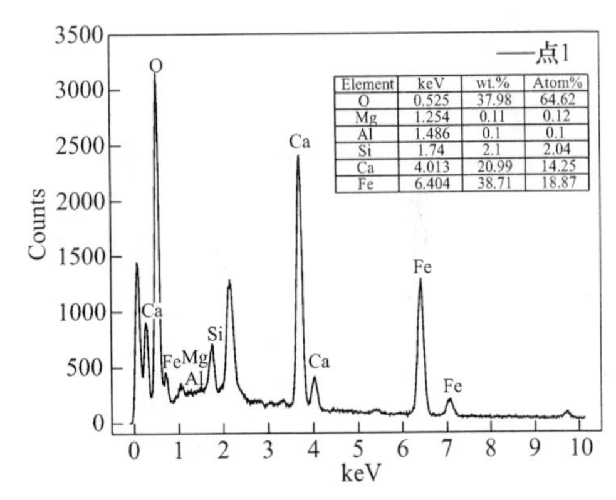

图4-26 碱度为1.5、不配加酸洗污泥（1号）试样铁酸钙SEM-EDS图谱

碱度为1.5、酸洗污泥配加比例为0时，铁酸钙为粒状或者片状的复合铁酸钙，点1处可能存在的结构式为$Ca_{14.25}Si_{2.04}Fe_{18.87}(Mg_{0.12}Al_{0.10})O_{64.62}$；酸洗污泥配加比例为5%时，铁酸钙为针状或者柱状的复合铁酸钙，点2处可能存在的结构式为$Ca_{17.32}Si_{3.62}Fe_{17.41}(Mg_{0.43}Al_{0.43})O_{60.79}$；点3为典型的赤铁矿；酸洗污泥配加比例为10%时，铁酸钙为针状或者粒状的复合铁酸钙，点4处可能存在的结构式为$Ca_{18.68}Si_{5.33}Fe_{14.43}(Mg_{0.39}Al_{0.51})O_{60.66}$；酸洗污泥配加比例为15%时，铁酸钙为粒状

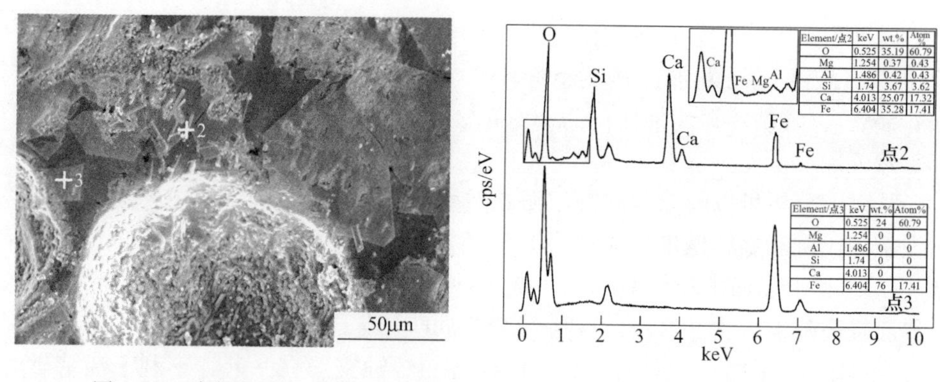

图 4-27　碱度为 1.5、配加 5%酸洗污泥（2 号）试样铁酸钙 SEM-EDS 图谱

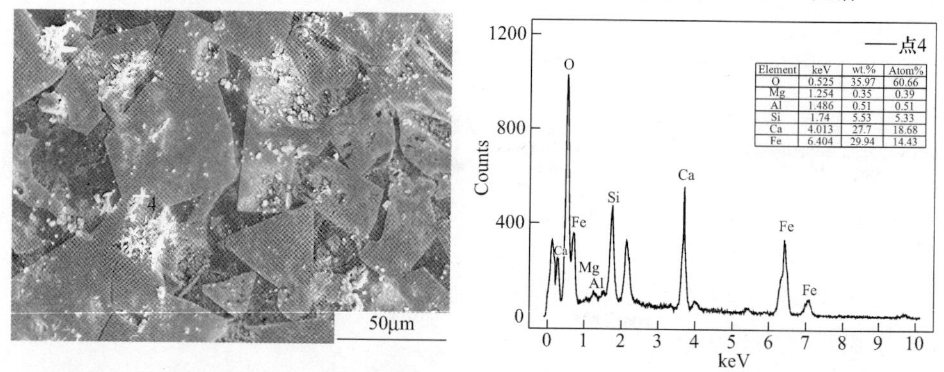

图 4-28　碱度为 1.5、配加酸洗污泥 10%（3 号）试样铁酸钙 SEM-EDS 图谱

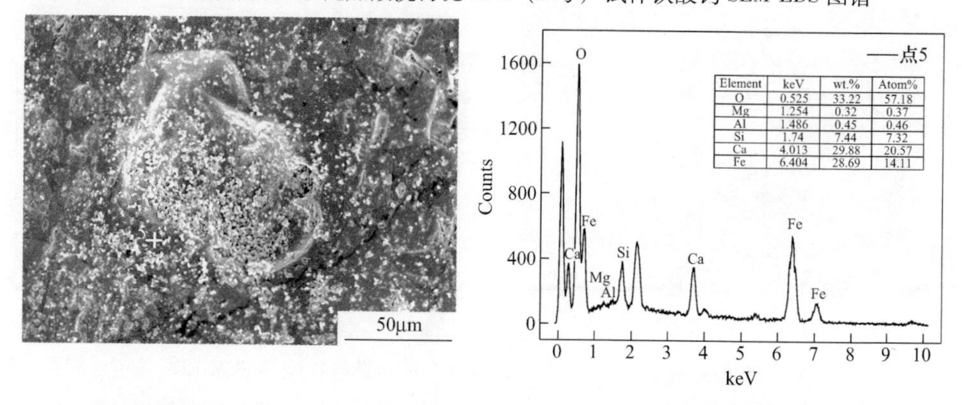

图 4-29　碱度为 1.5、酸洗污泥配加 15%（4 号）试样铁酸钙 SEM-EDS 图谱

的复合铁酸钙，点 5 处可能存在的结构式为 $Ca_{20.57}Si_{7.32}Fe_{14.11}(Mg_{0.37}Al_{0.46})O_{57.18}$；酸洗污泥配加比例为 20%时，铁酸钙为粒状或柱状的复合铁酸钙，点 6 处可能存在的结构式为 $Ca_{17.32}Si_{3.62}Fe_{17.41}(Mg_{0.43}Al_{0.43})O_{60.79}$。

图 4-31 和图 4-32 为碱度为 2.0、酸洗污泥配加比 0~5%时，铁酸钙特征点微观形貌和能谱分析结果。

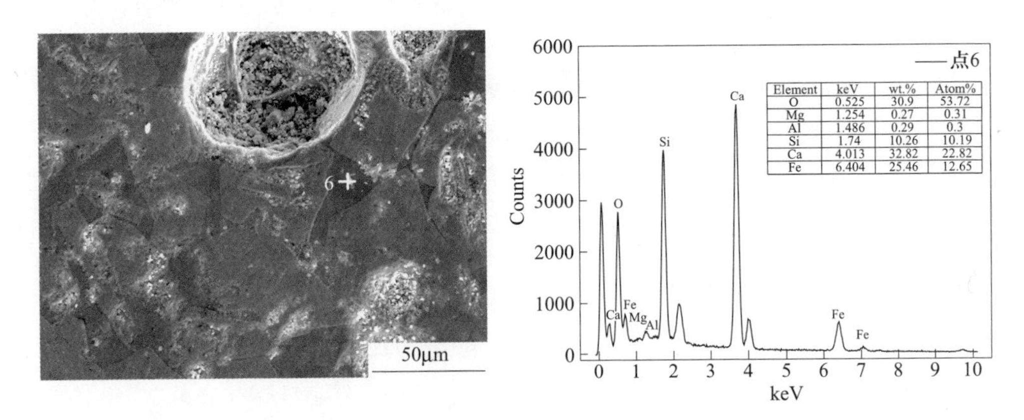

图 4-30 碱度为 1.5、酸洗污泥配加 20%（5 号）试样铁酸钙 SEM-EDS 图谱

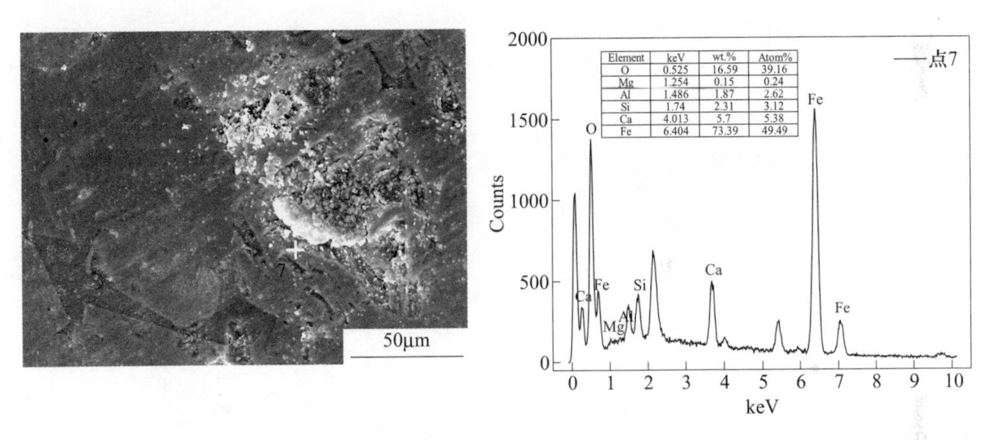

图 4-31 碱度为 2.0、不配加酸洗污泥（6 号）试样铁酸钙 SEM-EDS 图谱

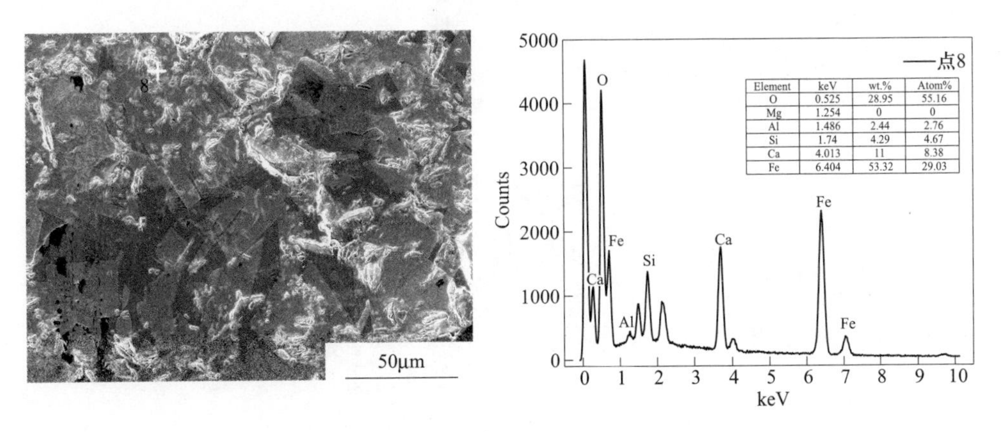

图 4-32 碱度为 2.0、酸洗污泥配加 5%（7 号）试样铁酸钙 SEM-EDS 图谱

碱度为2.0、酸洗污泥配加比例为0时，铁酸钙为粒状或柱状的复合铁酸钙，点7处可能存在的结构式为$Ca_{5.38}Si_{3.12}Fe_{49.49}(Mg_{0.24}Al_{2.26})O_{39.16}$；酸洗污泥配加比例5%时，铁酸钙变为针状或者树枝状的复合铁酸钙，点8处可能存在的结构式为$Ca_{29.03}Si_{4.67}Fe_{29.03}Al_{2.76}O_{55.16}$。同样在酸洗污泥加入铁矿粉后，平衡相中赤铁矿的晶粒尺寸细化，烧结矿质量必然得到改善。

4.3.3 硫、氟、铬迁移规律分析

关注酸洗污泥对烧结平衡相矿物组成及微观结构影响，也需要考虑烧结过程S、F和Cr元素的迁移规律。碱度为1.5、酸洗污泥配加比例0～10%和碱度为2.0、酸洗污泥配加比例0～5%的平衡相矿物组成和微观结构较好。

4.3.3.1 烧结矿中S、F、Cr分布规律

几组典型烧结样在1300℃平衡烧结4h后的Ca、O、Fe、Cr、Al、Si、Mg、F和S元素面分布照片和EDS分析结果分别如图4-33～图4-37所示。

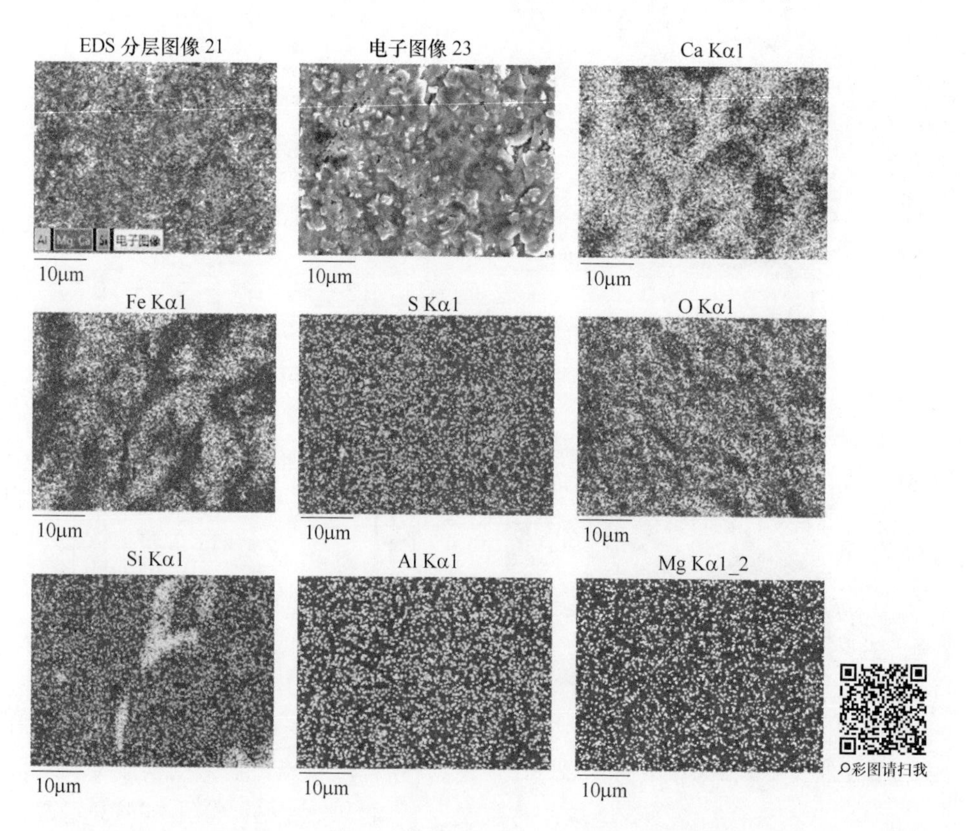

图4-33　碱度1.5不添加酸洗污泥（1号）试样元素面分布图

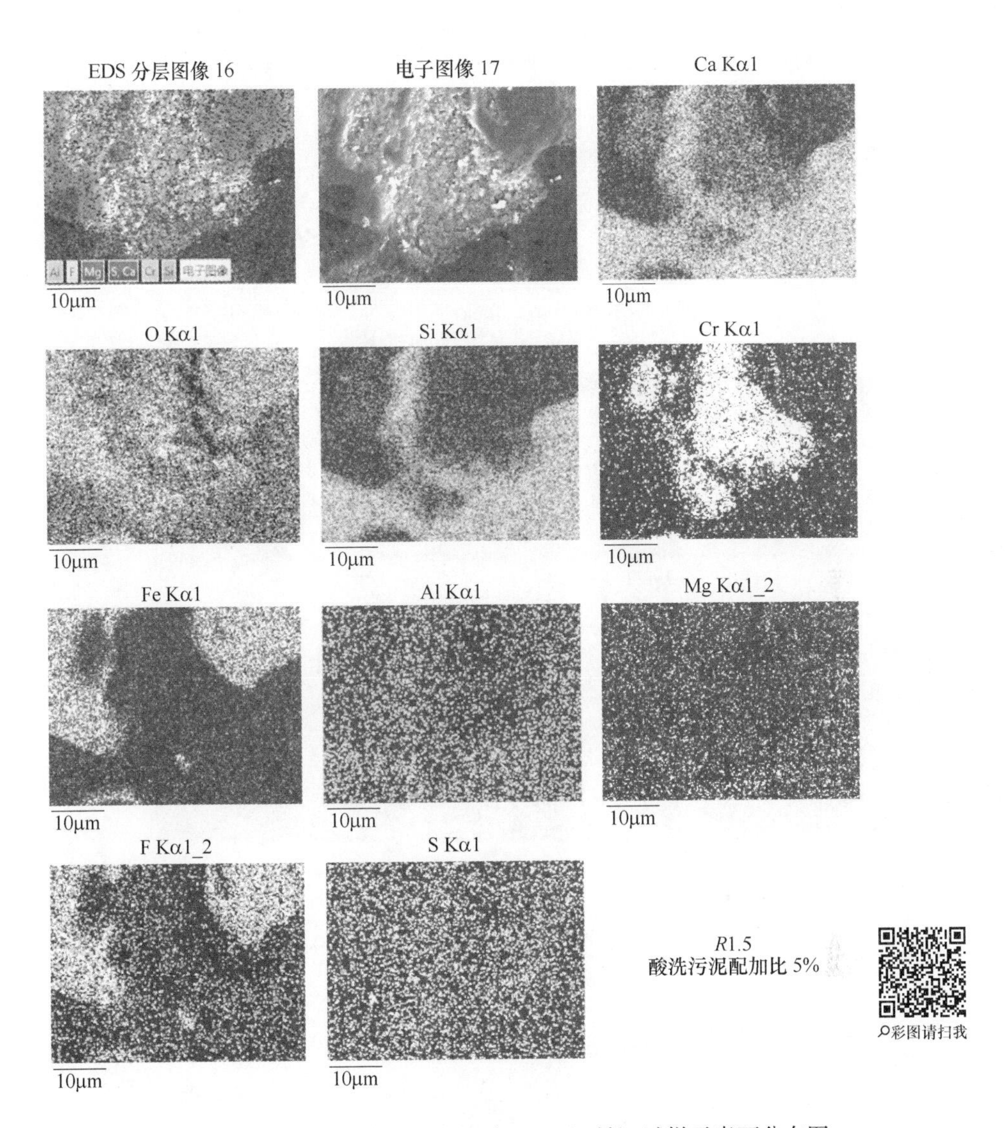

图 4-34　碱度 1.5 酸洗污泥配加 5%（2 号）试样元素面分布图

由图 4-33~图 4-37 可知，不配加酸洗污泥配的试样，O 和 S 元素几乎均匀分布在扫描电镜的整个区域，Si 元素集中的地方 Ca 元素也随之集中在深灰色区域，Fe 元素聚集分布在浅灰色区域。随着烧结样中酸洗污泥配加比例的增加，O 和 S 元素虽然也分布在整个区域，但是 O 元素有逐渐向浅灰色区集中的趋势，Si 和 Ca 元素集中的区域从长条带状变为规则块状，Fe 和 F 元素更多的聚集分布在浅灰色区域，Cr 元素在亮白色区域浓度最高。随着酸洗污泥配加比例从 0 增加到 10%，烧结试样元素聚集现象明显，这与酸洗污泥有利于平衡烧结相各矿相形成

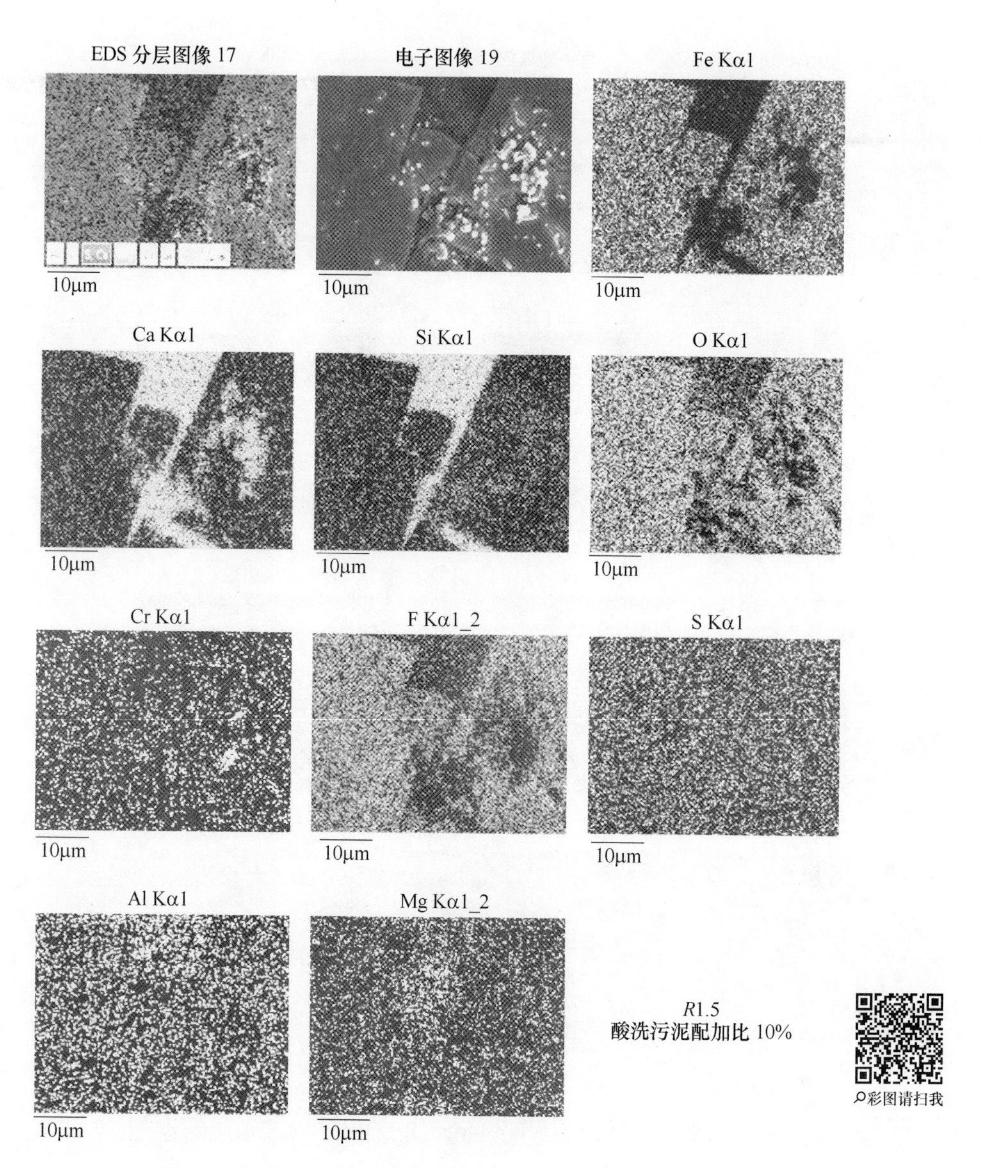

图 4-35　碱度 1.5 酸洗污泥配加比 10%（3 号）试样元素面分布图

明显晶界结论一致。

经过高温烧结后，试样中 Ca、O、Fe、Cr、Al、Si、Mg、F 和 S 元素含量见表 4-7。碱度 1.5，随着酸洗污泥配加比例的增加，烧结试样中 S 元素含量先增加后减少，F 和 Cr 元素含量分别由 0 逐渐增加至 0.68% 和 1.92%。同时，试样碱度增大会导致 S 和 F 元素含量略微增加。这主要因为铁矿品位和碱度均较高，不利于烧结脱 S 和 F。

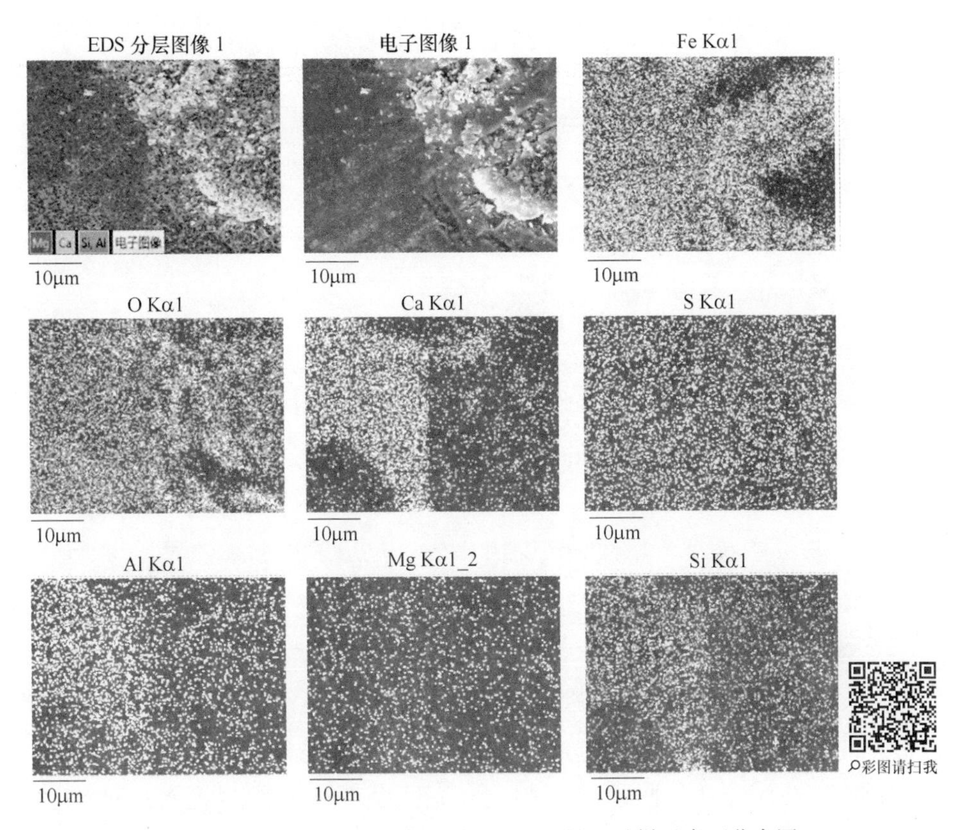

图 4-36 碱度 2.0 不添加酸洗污泥（6 号）试样元素面分布图

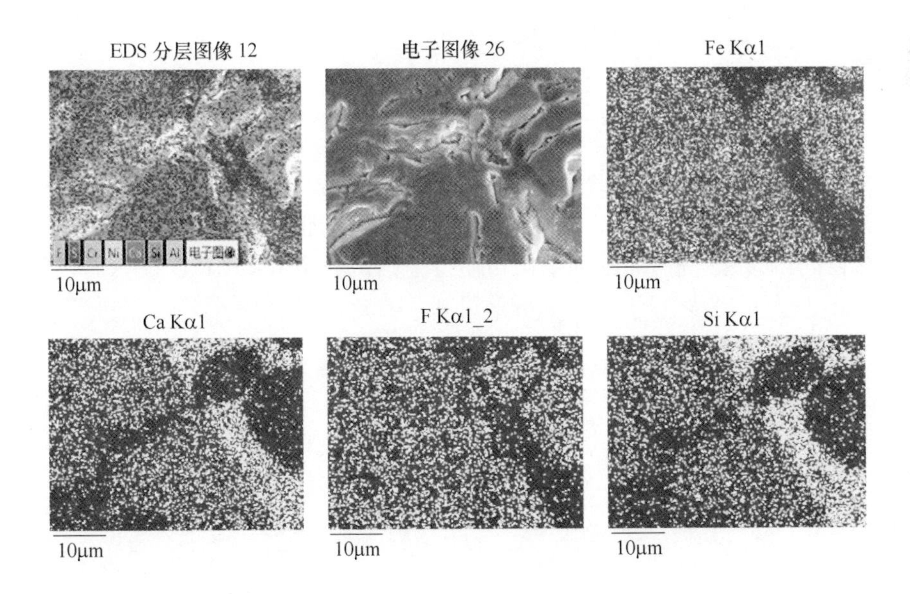

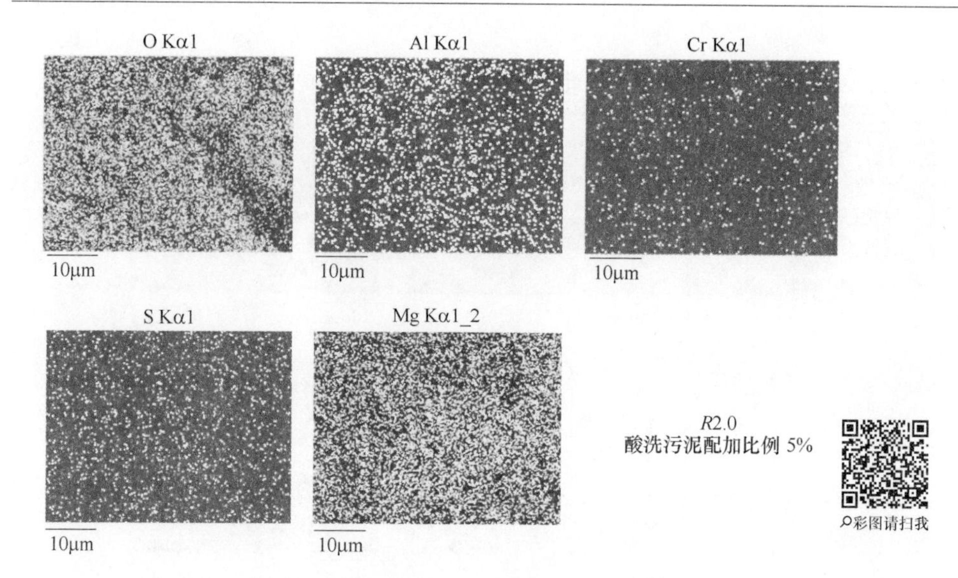

图 4-37　碱度 2.0，酸洗污泥配加比 5%（7 号）试样元素面分布图

表 4-7　不同试样元素组成　　（wt. %）

碱度及酸洗污泥配加比例	Fe	Ca	O	Si	Mg	Al	S	F	Cr
*R*1.5，0	38.705	20.890	37.980	2.200	0.110	0.100	0.015	0.000	0.000
*R*1.5，5%	44.196	15.151	29.810	8.670	0.370	0.420	0.023	0.310	1.050
*R*1.5，10%	59.280	6.760	26.930	3.610	0.520	0.280	0.020	0.680	1.920
*R*2.0，0	63.361	5.700	26.590	2.310	0.150	1.870	0.019	0.000	0.000
*R*2.0，5%	50.414	10.959	29.520	6.320	0.430	1.860	0.024	0.320	0.153

4.3.3.2　烧结矿中 S、F、Cr 存在形式

几组典型（1 号~3 号和 6 号、7 号）烧结样在 1300℃ 平衡烧结 4h 后，烧结样的 XRD 谱图如图 4-38 所示。

烧结样中 S、F 和 Cr 元素主要以硫酸亚铁（$FeSO_4$）、枪晶石（$Ca_4Si_2F_2O_7$）和氧化铬（Cr_2O_3）的形式存在，各自含量（表 4-8）随酸洗污泥配比不同而变化。通过折算可知，酸洗污泥配加铁矿粉使得烧结试样中 $Ca_4Si_2F_2O_7$ 和 Cr_2O_3 含量增加、$FeSO_4$ 含量减少，与 EDS 分析结果基本一致。

表 4-8　试样中 S、F 和 Cr 对应物质含量　　（g/100g）

碱度及酸洗污泥配加比例	*R*1.5，0	*R*1.5，5%	*R*1.5，10%	*R*2.0，0	*R*2.0，5%
$Ca_4Si_2F_2O_7$	0.00	2.99	6.55	0.00	3.08
Cr_2O_3	0.00	1.53	2.81	0.00	0.22
$FeSO_4$	0.07	0.11	0.10	0.09	0.11

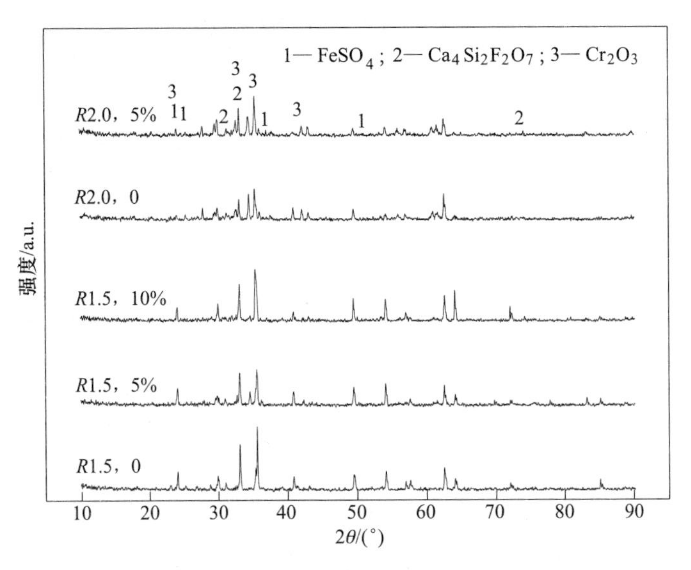

图 4-38　试样中 S、F 和 Cr 元素物相组成 XRD 图

4.4 小结

添加酸洗污泥有利于降低铁矿粉液相开始生成温度，便于控制烧结温度，在温度 1050~1200℃液相大量生成。在烧结温度 1200~1300℃，酸洗污泥配加比例小于 10%时，有利于增加铁矿粉烧结液相生成，提高烧结液相流动性。适当提高碱度也有利于增加铁矿粉烧结液相生成量，改善液相生成特征温度。

$CaO-SiO_2-Fe_2O_3-MgO-Al_2O_3-CaF_2$ 体系液相区呈长条带状，过多的酸洗污泥配加比例（>15%）使得液相区向 SiO_2 方向移动，不利于铁矿粉烧结液相的生成。铁矿粉配加酸洗污泥在低温（1200~1250℃）下烧结有利于铁酸钙的生成。适宜的碱度（1.5~2.0）有利于烧结液相和铁酸钙的生成。

铁矿粉配加酸洗污泥在烧结过程中 S 和 F 元素主要以 SO_2 气体和枪晶石（$Ca_4Si_2F_2O_7$）的形式存在。酸洗污泥配加比例和碱度是影响烧结过程中 SO_2 总量的主要因素。酸洗污泥配加比例越大，枪晶石含量就越高，提高碱度和烧结温度有助于抑制枪晶石的生成。

添加酸洗污泥使得铁矿粉的液相流动指数逐渐减小，酸洗污泥配加比例从 0 增加到 20%，液相流动性指数从 18.424 降低到 13.282。酸洗污泥配加比例为小于 5%，对铁矿粉液相流动性影响较小。

黏结相强度随着酸洗污泥配比的增加先增加后减小，且随着碱度的增加总体减小。酸洗污泥配加比例为 10%，试样中赤铁矿、磁铁矿含量最大，枪晶石含量较小。

酸洗污泥能够改善烧结矿质量，酸洗污泥配加比例为 5%~10%、碱度为 1.5~2.0 时，烧结矿矿相组成和微观结构最好。合理优化碱度和酸洗污泥配加比例，铁矿粉配加酸洗污泥利用可行。

参考文献

[1] 傅菊英，姜涛．烧结球团学 [M]．长沙：中南工业大学出版社，1996：3-9.

[2] 朱苗勇．现代冶金学（钢铁冶金卷）[M]．北京：冶金工业出版社，2005：27-44.

[3] Shi Lei，Chen Ronghua，Wang Ruyi. Two-stage treatment process of pickling wastewater in the cold-rolling production of stainless steel [J]. Baosteel Technical Research，2010，4（2）：16-22.

[4] 王海林．冷轧不锈钢带钢酸洗的工艺与废气、废酸处理 [J]．中国冶金，2009，19（6）：40-43.

[5] 张景，孙映，刘旭隆，等．还原-磁选不锈钢酸洗污泥中的金属 [J]．过程工程学报，2014，14（5）：782-786.

[6] Li Xiaoming，Xie Geng，Hojamberdiev Mirabbos，et al. Characterization and recycling of nickel and chromium contained pickling sludge generated in production of stainless steel [J]. Journal of Central South University，2014，21（8）：3241-3246.

[7] 房金乐，杨文涛．不锈钢酸洗污泥的处理现状及展望 [J]．中国资源综合利用，2014，32（11）：24-28.

[8] Li Xiaoming，Mousa Elsayed，Zhao Junxue，et al. Recycling of sludge generated from stainless steel pickling process [J]. Journal of Iron and Steel Research International，2009，16（5）：480-484.

[9] 董杰吉，王广，李华，等．三水铝石型高铝褐铁矿粉烧结液相生成特性 [J]．钢铁，2014，49（11）：25-30.

[10] 张金柱，张士举．熔剂对阳春粉熔化性及烧结质量的影响 [J]．钢铁研究学报，2010，22（12）：7-10.

[11] 胡长庆，王玉峰，崔利民．Al_2O_3 对铁矿粉烧结液相生成的影响 [J]．中国冶金，2016，26（8）：12-16.

[12] 吴胜利．进口铁矿粉烧结液相生成特性的评价 [C]．中国金属学会．1999 中国钢铁年会论文集（上）．中国金属学会：中国金属学会，1999：197-200.

[13] 闫炳基，张建良，姚朝权，等．基于铁矿粉液相生成特性互补优化配料模型 [J]．钢铁，2015，50（6）：40-45.

[14] 吕庆，黄宏虎，万新宇，等．承德钒钛磁铁矿烧结过程中液相生成能力 [J]．钢铁，2015，50（3）：19-24.

[15] 吴胜利，杜建新，马洪斌，等．铁矿粉烧结液相流动特性 [J]．北京科技大学学报，2005（3）：291-293.

[16] 孙敬泰，郭兴敏．含氟铁矿石烧结过程中枪晶石的生成及其与铁酸钙的作用［J］．过程工程学报，2017，17（3）：565-570.
[17] 齐伟，毛晓明，沈红标．烧结矿矿相特性研究［J］．宝钢技术，2018（1）：1-9.
[18] 罗果萍，孙国龙，赵艳霞，等．包钢常用铁矿粉烧结基础特性［J］．过程工程学报，2008（S1）：198-204.
[19] 闫俊萍，那树人，马燕生，等．氟在烧结矿中的赋存状态及其对烧结矿软熔性能的影响［J］．钢铁，1997（3）：1-3.
[20] 李小明，王翀，邢相栋，等．不锈钢酸洗污泥对铁矿粉烧结液相生成的影响［J］．烧结球团，2018，43（5）：12-19.
[21] 李小明，汪衍军，贾李锋，邢相栋．不锈钢酸洗污泥对烧结黏结相与平衡相的影响［J］．钢铁，2019，54（11）：116-122.
[22] 王翀．不锈钢酸洗污泥作为烧结配料利用研究［D］．西安：西安建筑科技大学，2018.

5 不锈钢酸洗污泥作为炼钢造渣剂利用

不锈钢酸洗污泥中含有 CaO、CaF_2 等成分，与炼钢过程常用的造渣原料石灰和萤石的主成分相似，将酸洗污泥用于炼钢生产，有望实现酸洗污泥中 Fe、Cr、Ni 等有价元素的回收利用[1]，同时减少炼钢造渣剂的加入，节省炼钢和酸洗污泥处理成本。本章研究了酸洗污泥在电炉内替代部分造渣剂利用的热力学及热态实验，计算了在 AOD 不同冶炼阶段，不锈钢母液中加入不同比例的酸洗污泥后，钢液中硫及有价金属的含量变化，并进行了实验研究。

5.1 酸洗污泥作为电炉造渣剂的热力学

电炉炼钢主要采用全废钢或废钢加铁水的方式进行冶炼，本节采用 FactSage 热力学软件的 Equilib 模块研究了酸洗污泥与常规造渣剂以不同比例加入电炉对金属液成分及渣性能的影响，着重是钢液中硫及金属的变化趋势。研究所用废钢杂质含量、铁水、低硫酸洗污泥及常规造渣剂的成分分别见表 5-1~表 5-4。

表 5-1 废钢成分 (wt. %)

成分	Fe	P	S
含量	98.52	0.026	0.018

表 5-2 铁水成分 (wt. %)

成分	Fe	C	Si	Mn	P	S
含量	94.86	4.20	0.45	0.30	0.150	0.040

表 5-3 低硫酸洗污泥成分组成 (wt. %)

成分	CaF_2	$CaCO_3$	$CaSO_4$	Fe_2O_3	NiO	Cr_2O_3	SiO_2	Al_2O_3	CaO
含量	15.31	8.017	0.812	22.9	2.72	5.44	2.12	0.508	22.75

表 5-4 造渣剂成分 (wt. %)

成分	CaO	SiO_2	MgO	Al_2O_3
含量	73	15.6	2	9.4

5.1.1 全废钢冶炼热力学

将表 5-4 所示造渣剂与表 5-3 所示低硫酸洗污泥按 1∶4、1∶3、1∶2、1∶1、2∶1、3∶1、4∶1 等比例混匀成混合造渣剂。将表 5-1 所示废钢与混合造渣剂比例设定为 10∶1（废钢 100g、混合料 10g），温度为 1600℃，环境条件设定为 0.1MPa(1atm)。

电炉采用全废钢冶炼时，炉内的主要反应如下所示。

$$2[P] + 5(FeO) + 4(CaO) = 4CaO \cdot P_2O_5 + 5Fe \tag{5-1}$$

$$[C] + [O] = CO\uparrow \tag{5-2}$$

$$[FeS] + (CaO) = (CaS) + (FeO) \tag{5-3}$$

$$(Cr_2O_3) + 3[C] = 2[Cr] + 3CO \tag{5-4}$$

$$(NiO) + [C] = [Ni] + CO\uparrow \tag{5-5}$$

表 5-5 为加入不同比例低硫酸洗污泥后钢液成分的变化，钢液总量随酸洗污泥加入量的增加呈现出递减的趋势，氧和锰、碳的结合能力强于铁，因此吹氧时锰元素迅速被氧化成 MnO 进入熔渣，碳也被部分氧化去除，钢液中残余锰元素和碳元素氧化量随酸洗污泥的加入量增加基本保持不变。当熔池中碳和锰含量降低至一定程度时，吹氧会大量氧化钢液中 Fe 元素生成 FeO 和 Fe_2O_3 进入熔渣。同时，由于酸洗污泥中含有 CaO 和 CaF_2 等造渣材料，加入酸洗污泥后在一定程度上也可起到脱除硫磷的作用，钢渣中含有 P_2O_5，且金属液 P、S 含量均小于原废钢中 P、S 含量，但由于酸洗污泥中的 CaO 含量显著低于造渣剂，因此随着酸洗污泥加入量的增加，脱磷脱硫能力均减弱，金属液 P、S 含量呈现出递增趋势。同时，当酸洗污泥加入量增加，污泥中带入的 S 元素增加，也会导致钢液 S 含量升高。

表 5-5 全废钢吹氧时污泥比例对钢液成分的影响

造渣剂∶污泥	钢液成分/wt. %						总量/g
	Fe	Mn	P	S	Cr	Ni	
4∶1	99.738	0.038	0.005	0.011	0.003	0.05	84.742
3∶1	99.722	0.037	0.006	0.011	0.004	0.06	84.631
2∶1	99.695	0.035	0.007	0.012	0.005	0.08	84.450
1∶1	99.644	0.034	0.009	0.013	0.012	0.13	84.074
1∶2	99.591	0.033	0.013	0.014	0.011	0.17	83.702
1∶3	99.563	0.033	0.015	0.014	0.011	0.19	83.517
1∶4	99.544	0.033	0.018	0.014	0.011	0.21	83.206

Cr、Ni 元素随着酸洗污泥加入量的增加而增加，Cr 含量增加量不明显。

在高温氧化气氛条件下，始终存在 C、Cr 的竞争性氧化[2,3]。氧化反应为：

$$3[C] + (Cr_2O_3) = 2[Cr] + 3CO \qquad \Delta G_{1600℃} = -145840.8 J/mol \quad (5\text{-}6)$$

当钢中 C 含量降低到一定程度，C 和氧的结合能力减弱，钢液中 Cr 元素被氧化为 Cr_2O_3，因此 Cr 不会随污泥量比例增加持续增加。同时钢液中 C 在一定范围内可以还原污泥中 Cr_2O_3 和 NiO，当 C 含量降低到一定程度，碳的还原减弱。

不同比例污泥造渣时的熔渣成分见表 5-6。当造渣剂与酸洗污泥比例为 4∶1 时，熔渣总量为 29.42g，随着酸洗污泥含量增加，熔渣中 Cr_2O_3 含量增加，Cr 和 Ni 的氧化物被还原进入钢液的量增加，同时高温条件下部分氟化物及硫化物挥发或产生气体物质去除，因此熔渣总量呈现递减趋势。随着酸洗污泥含量增加，钢液磷含量增加，和熔渣中 P_2O_5 含量的递减趋势吻合。

表 5-6　全废钢吹氧时污泥不同配比的熔渣成分

造渣剂∶污泥	钢渣成分/wt.%									总重/g
	Al_2O_3	SiO_2	CaO	MgO	MnO	Cr_2O_3	P_2O_5	FeO	Fe_2O_3	
4∶1	4.53	4.29	20.89	0.54	5.55	0.25	0.53	59.37	5.80	29.42
3∶1	4.27	4.08	20.22	0.51	5.56	0.31	0.52	59.40	5.90	29.34
2∶1	3.86	3.78	18.57	0.46	5.63	0.41	0.52	60.25	6.19	29.02
1∶1	2.94	3.03	16.82	0.34	5.64	0.62	0.51	62.97	6.68	28.96
1∶2	2.04	2.30	14.50	0.23	5.69	0.83	0.49	66.13	7.23	28.71
1∶3	1.58	1.94	13.32	0.17	5.71	0.93	0.47	67.71	7.52	28.59
1∶4	0.83	1.50	12.58	0.14	5.71	1.00	0.46	69.16	7.97	28.58

5.1.2　铁水加废钢冶炼热力学

将表 5-4 所示造渣剂与表 5-3 所示低硫酸洗污泥比例设为 1∶1 作为混合造渣剂，然后加入不同比例的铁水（表 5-2）与废钢（表 5-1），混合造渣剂与铁水及废钢总和的比例为 1∶10，计算温度为 1600℃、压力为 1atm 条件下的钢液和炉渣成分变化，重点分析钢液中金属及硫的变化，得到铁水与废钢的最佳比例。并根据铁水废钢比加入不同比例的混合造渣剂吹氧熔炼。

图 5-1 为铁水与废钢不同比例时钢液中 Cr、Ni 含量的变化。当铁水与废钢比例从 1∶9 变化至 8∶2 时，镍含量基本保持不变，约为 0.10%；铬含量呈现出递增的趋势，在铁水与废钢比为 8∶2 时铬含量最高为 0.11%。其原因是，随着铁水与废钢比例升高，金属液中碳含量显著提高，更多的碳含量可充分还原酸洗污泥中 Cr 的氧化物，尽管冶炼过程吹氧会氧化碳元素，但随着铁水比的增加，钢液中铬含量仍显著增加。

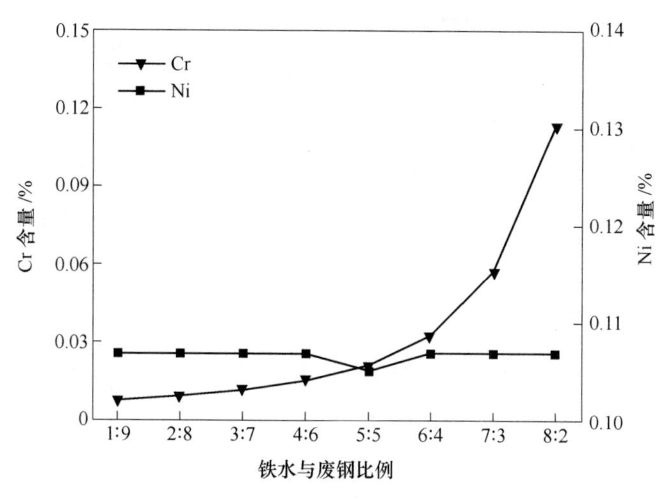

图 5-1 铁水废钢比对钢液中金属含量的影响

图 5-2 为铁水与废钢不同比例时钢液中硫含量的变化。铁水中初始硫含量为 0.040%，高于废钢中的硫含量，随着铁水比例增加，硫含量增加，当铁水废钢比为 3∶7 时硫含量为 0.017%，满足大部分钢种电炉冶炼终点硫含量的要求，当铁水废钢比升高至 7∶3 时钢液硫含量为 0.029%。对比目前钢铁企业电炉冶炼实际工况，铁水废钢比一般小于 7∶3。因此，在冶炼终点钢种硫含量要求小于 0.030%时，均满足冶炼需求；对于硫含量要求严格的钢种，当加入造渣剂与酸洗污泥比例为 1∶1 时，需根据钢种要求选择合适的铁水废钢比例。

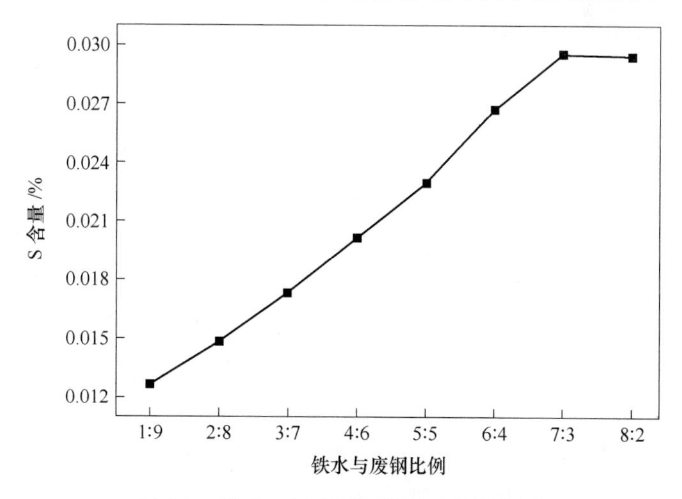

图 5-2 铁水废钢比对钢液硫含量的影响

表 5-7 为铁水与废钢比为 6∶4 时吹氧熔炼过程不同比例酸洗污泥对钢液成分的影响，表 5-8 为相应的熔渣成分。

表 5-7 铁水废钢比 6∶4 时酸洗污泥对钢液成分的影响

造渣剂∶污泥	钢液成分/wt. %							总量/g
	Fe	C	Mn	P	S	Cr	Ni	
4∶1	97.695	2.15	0.03	0.004	0.014	0.005	0.049	85.38
3∶1	97.646	2.08	0.03	0.005	0.014	0.006	0.063	84.40
2∶1	97.603	2.05	0.03	0.006	0.014	0.008	0.085	84.29
1∶1	97.526	2.01	0.03	0.008	0.015	0.013	0.127	84.04
1∶2	97.445	1.99	0.02	0.011	0.016	0.012	0.17	83.804
1∶3	97.405	1.94	0.02	0.012	0.017	0.012	0.19	83.688
1∶4	97.382	1.00	0.02	0.012	0.017	0.011	0.20	83.624

表 5-8 铁水废钢比 6∶4 时污泥造渣时的熔渣成分

造渣剂∶污泥	钢渣成分/wt. %									总重/g
	Al_2O_3	SiO_2	CaO	MgO	MnO	Cr_2O_3	P_2O_5	FeO	Fe_2O_3	
4∶1	4.61	5.67	21.26	0.55	3.81	0.25	0.79	56.68	6.02	29.451
3∶1	2.34	5.35	20.17	0.51	3.83	0.30	0.77	59.65	6.77	29.407
2∶1	2.12	5.06	18.52	0.46	3.87	0.40	0.78	61.43	6.99	29.078
1∶1	1.64	4.32	16.79	0.34	3.89	0.61	0.76	63.77	7.4	28.991
1∶2	1.16	3.61	14.45	0.23	3.93	0.81	0.71	66.65	7.85	28.685
1∶3	0.92	3.24	13.16	0.17	3.96	0.91	0.59	68.27	8.12	28.449
1∶4	0.78	2.81	12.42	0.14	3.99	0.97	0.53	69.33	8.34	28.249

对比表 5-7 和表 5-8 可见，造渣剂和酸洗污泥中的 CaO、CaF_2 等成分有利于造泡沫性良好的炉渣，具有脱磷效果。随着酸洗污泥加入量的增加，钢水中 P 含量呈现出递增趋势，但小于原始金属液中 P 含量。同时，亦有部分 P 被氧化为 P_2O_5 进入渣中。随着酸洗污泥的增加，钢液中 Cr、Ni 含量呈现出增加趋势，Cr、Ni 由酸洗污泥中转移到钢液中，部分 Fe 被氧化以铁的氧化物形式进入钢渣中，Fe 含量呈现减少趋势。随着酸洗污泥加入量的增加，熔渣质量呈现出减少的趋势。

图 5-3 为铁水废钢比为 6∶4，吹氧熔炼时酸洗污泥不同比例对钢液中金属元素含量的影响。随着污泥加入比例的增加，混合料中铬和镍的氧化物显著增加，由于镍元素容易被还原，因此大部分进入钢液中，镍含量呈现出递增的趋势，含量最高为 0.2%；受到吹氧的影响，铬元素仅有部分被回收进入钢液，随着酸洗污泥加入比例增加整体呈现出增加趋势，当造渣剂与酸洗污泥比例大于 1∶1 时，

钢液中 Cr 含量大于0.010%。金属料中碳含量高（达2.0%以上），因此吹氧熔炼时氧气首先与碳反应，随后伴随着铁元素被氧化为 Fe_2O_3、FeO 进入钢渣中，同时，当加入酸洗污泥后，污泥中的铬、铁和碳形成竞争性氧化，使得越来越多的铁元素被氧化进入渣中，铁元素含量随着酸洗污泥加入比例增加呈现出递减的趋势。

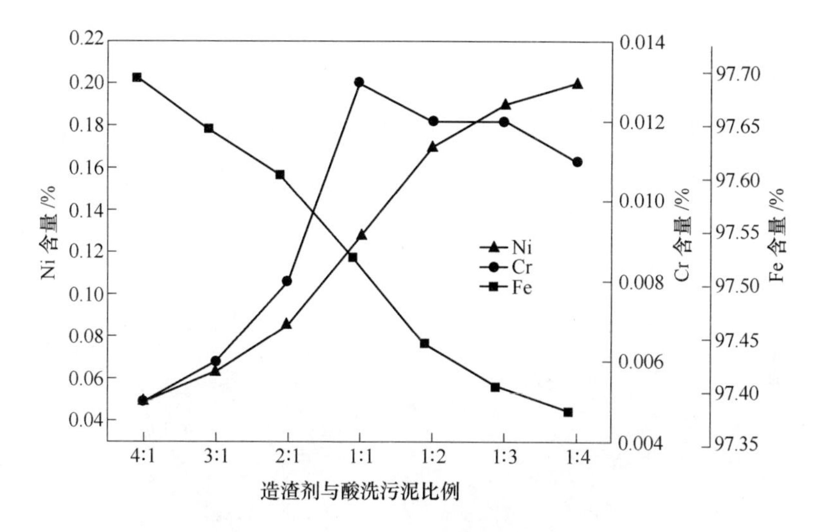

图 5-3 酸洗污泥不同比例对金属液中元素含量的影响

对酸洗污泥作为电炉炼钢造渣剂的热力学计算表明，在造渣剂与酸洗污泥比例大于 1∶1 时，金属回收率相对较高，硫含量相对较低，不影响钢液质量。

5.2 酸洗污泥作为电炉造渣剂的实验

基于酸洗污泥作为电炉造渣剂的热力学分析，本节以全废钢为金属料，配入低硫酸洗污泥进行高温熔化静置，并分别配入低硫酸洗污泥和高硫酸洗污泥进行高温吹氧熔炼[4]，探讨酸洗污泥作为造渣剂加入电炉冶炼中参与化学反应后金属及硫的迁移现象。其中静置实验在高温箱式炉中进行，吹氧实验在感应炉中进行。

低硫酸洗污泥的成分见表 5-3。其中 Fe、Cr、Ni 均以氧化物的形式存在，S 以 $CaSO_4$ 形式存在，含量为 0.812%，F 以 CaF_2 形式存在，且还有少量其他杂质。

因酸洗工艺不同，还会产生硫含量较高的高硫污泥，见表 5-9。硫也是以 $CaSO_4$ 形式存在，含量高达 35.7%，是低硫污泥的 40 倍左右。通常情况下，硫是钢中有害元素，因此高硫污泥能否在电炉冶炼中作为造渣剂使用，关键在于控制应用过程中钢液的增硫量[5]。

表 5-9　高硫酸洗污泥成分　(wt. %)

成分	Fe_2O_3	Cr_2O_3	NiO	CaF_2	$CaSO_4$	SiO_2	Al_2O_3	CaO	$CaCO_3$
含量	21.45	2.38	0.58	25.25	35.7	1.51	0.47	1.3	8.75

高温实验过程为保证熔渣具有良好的熔化特性，首先对配置的常规造渣剂进行预熔制备。

5.2.1　预熔造渣剂制备

实验用电炉常规造渣剂采用分析纯氧化钙、二氧化硅、三氧化二铝及氧化镁按比例混配，为加快造渣剂熔化速度并均匀成分，将所用混配的分析纯试剂预熔。图 5-4 为造渣剂预熔前后外观图。预熔后造渣剂颜色由灰白色变为黑色块状，有少量的白色物质分布，内部存在不规则孔。

(a)

(b)

图 5-4　造渣剂预熔前（a）后（b）外观

预熔造渣剂的物相如图 5-5 所示。预熔造渣剂中的物质分别为 Ca_3SiO_5、$Ca_{12}Al_{14}O_{33}$、$Ca_3Al_2O_6$、$Ca_{54}MgAl_2Si_{16}O_{90}$，高熔点氧化物反应转变成低熔点化合物。预熔渣破碎至-200 目，再与 120℃下干燥 5h 后破碎至-200 目的酸洗污泥按不同的比例混配成混合造渣剂使用。

5.2.2　酸洗污泥作为电炉造渣剂实验

实验设备包括真空气氛数显箱式炉、10kg 感应炉、DYG-9420A 恒温数显干燥箱、HX-203T 电子天平。实验用酸洗污泥充分烘干，预熔造渣剂与酸洗污泥按比例混合加入，混合造渣剂为钢液质量的 10%。氧气纯度 99.999%、刚玉坩埚纯度 99.99%、氩气纯度 99.999%、石墨坩埚纯度 99.99%。

5.2.2.1　低硫酸洗污泥与钢水静置实验

称取废钢 200g，按照废钢/混合造渣剂 10：1 称取 20g 混合造渣剂，混合均

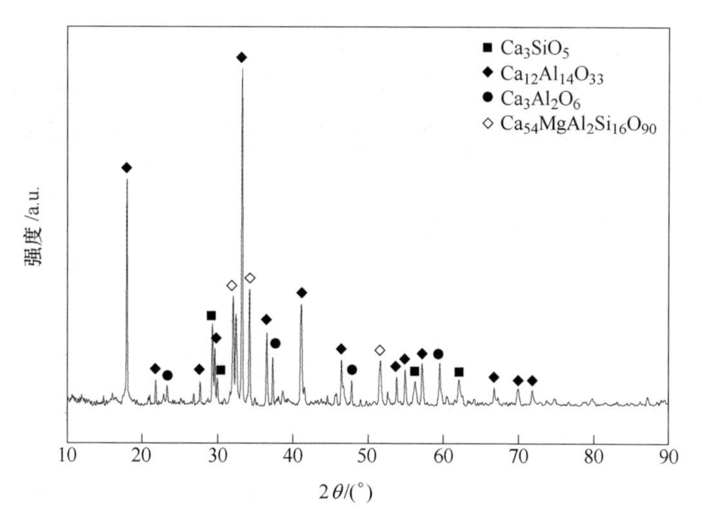

图 5-5 预熔造渣剂物相图

匀加入刚玉坩埚中，放入高温箱式炉升温至 1600℃，保温 30min，随炉冷却至室温。

图 5-6 为熔炼后钢锭上表面与底部图片。酸洗污泥加入量不同，钢锭表面光滑度有所差异，表面黏性渣也不同。污泥加入量越多，钢锭上表面越粗糙。当造渣剂与酸洗污泥比例为 2∶1 时，钢锭上表面附着的渣最少，钢渣分离效果明显。当造渣剂与酸洗污泥配比为 2∶1 时钢锭的底部黏性渣最少，比例为 3∶1 时钢锭底部附着的渣最多，钢锭底部呈现不规则的凹陷。

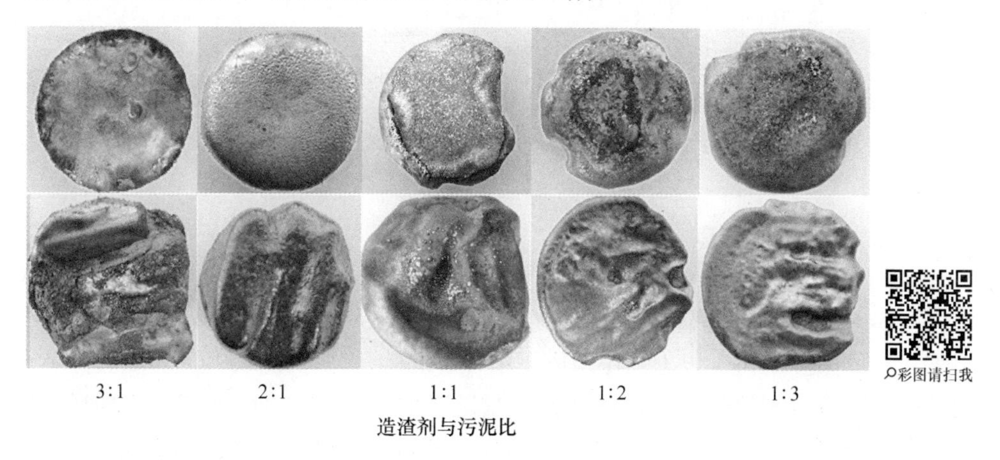

图 5-6 全废钢配入酸洗污泥后钢锭上表面（上排）及底部（下排）图片

图 5-7 为熔炼后坩埚内壁黏附情况，随着酸洗污泥加入量的增加，内部附着渣中孔隙度逐渐减小。

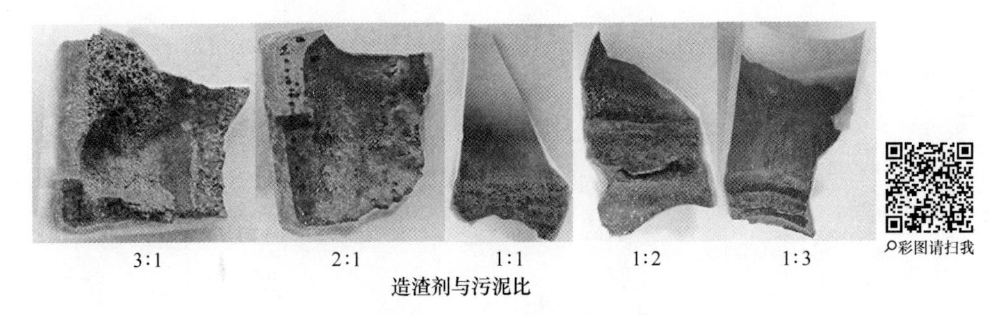

图 5-7　全废钢配入酸洗污泥后坩埚中渣外观对比

图 5-8 为钢液中硫含量变化趋势，当造渣剂与污泥比例小于 1∶1 时，混合造渣剂中硫含量低，钢中硫含量低，混合造渣剂具有一定的脱硫作用。随着酸洗污泥加入比例增加，混合造渣剂中硫含量增加少量硫进入钢液，钢液中硫含量呈增加的趋势，在造渣剂与污泥比例为 1∶2 时，钢液中硫含量为 0.025%，超过了原钢液中的硫含量。

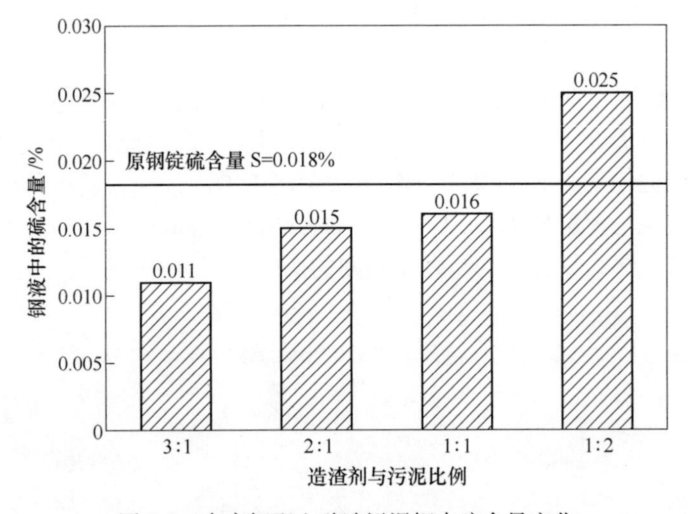

图 5-8　全废钢配入酸洗污泥钢中硫含量变化

图 5-9 为钢液中金属元素变化趋势。随着酸洗污泥加入量增多，铁含量变化不大，基本保持在 99%以上。由于废钢中含有的碳、硅等元素，可还原混合造渣剂中的镍、铬的氧化物，因此镍元素含量随着酸洗污泥的加入呈现出增加的趋势，在造渣剂与污泥比例为 1∶3 时镍的含量最高为 0.094%。铬元素含量随着酸洗污泥的加入呈现先增加后平缓的趋势，在造渣剂与酸洗污泥比例为 1∶2 时铬元素含量最高为 0.008%。由于体系没有吹氧，C、Cr 元素基本不存在选择性氧化，污泥中加入的 Cr 元素被还原进入钢液中，使钢液中 Cr 含量增加。

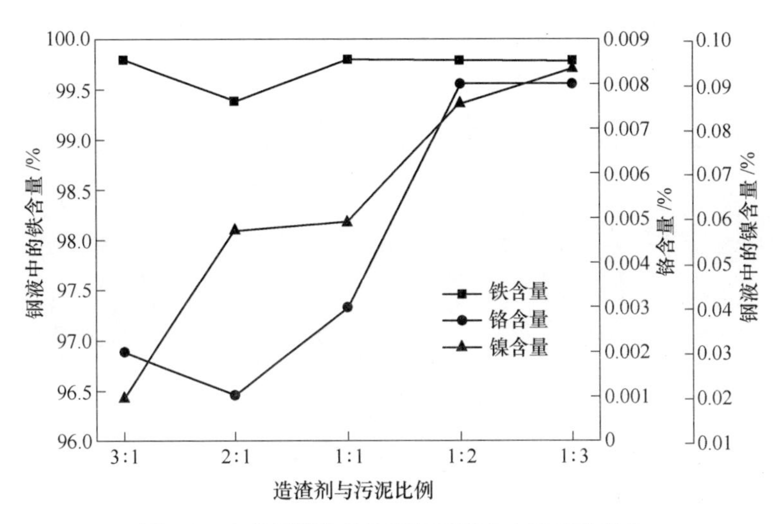

图 5-9 全废钢配入酸洗污泥后钢中金属元素变化

5.2.2.2 低硫酸洗污泥吹氧熔炼实验

称取废钢 200g，将造渣剂与低硫酸洗污泥按既定比例混合后称取 20g，混合均匀后加入刚玉坩埚，放入感应炉中升温至 1600℃，待钢液冷却凝固后，分析钢锭中金属及硫元素含量。

图 5-10 为吹氧熔炼后的钢锭图。当造渣剂与污泥为 2∶1 时，钢锭上表面的黏性渣最多。造渣剂与酸洗污泥 1∶2 和 2∶1 时钢锭底部有少量钢渣附着，钢锭底部有孔隙，当造渣剂与污泥比例 1∶1 时孔隙最少，比例 1∶3 时钢锭底部呈现气泡凹坑，对比可以看出吹氧熔炼后钢锭底部黏性渣明显减少，而且钢锭表面比较平整。

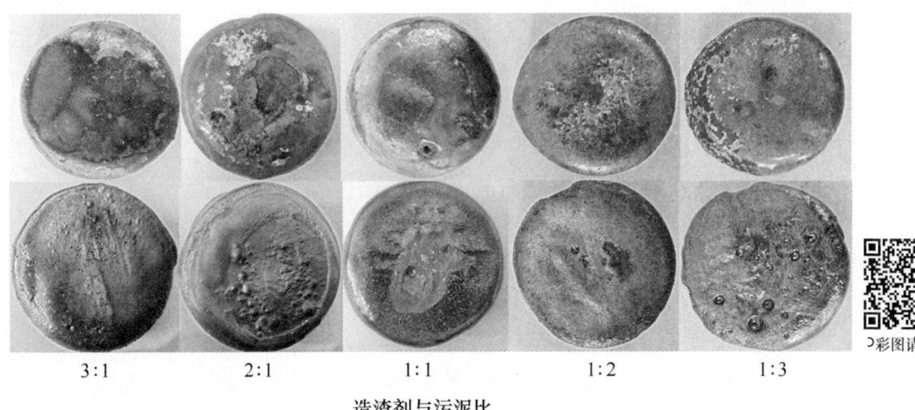

图 5-10 加入低硫污泥吹氧熔炼后钢锭上表面（上排）及底部（下排）图

图 5-11 为吹氧熔炼后坩埚中渣的黏附情况。造渣剂与酸洗污泥比例 1∶1、1∶2 时渣内部呈现多孔状，其余比例渣紧密结合在一起。

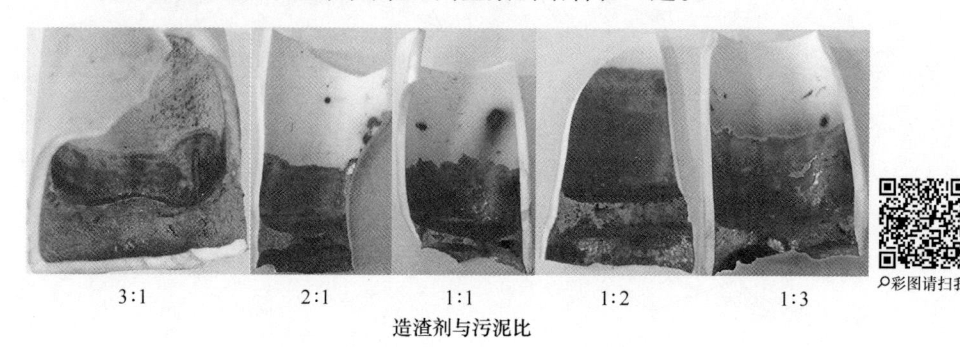

图 5-11　加入低硫污泥吹氧熔炼后熔炼钢渣对比图

图 5-12 为吹氧熔炼后钢中硫含量变化。当酸洗污泥配入量增加时，钢液中硫含量整体呈增加趋势。硫含量在造渣剂与酸洗污泥比例 1∶2 时最高为 0.028%。对比静态实验发现，造渣剂与污泥比例相同时，吹氧熔炼时硫含量更高，且变化趋势基本一致。由于低氧势更有利于脱硫，吹氧时混合造渣剂中氧势高，易产生钢液回硫，与静态实验对比，钢液中硫含量均有所提高，因此冶炼过程需控制适当的酸洗污泥比例。

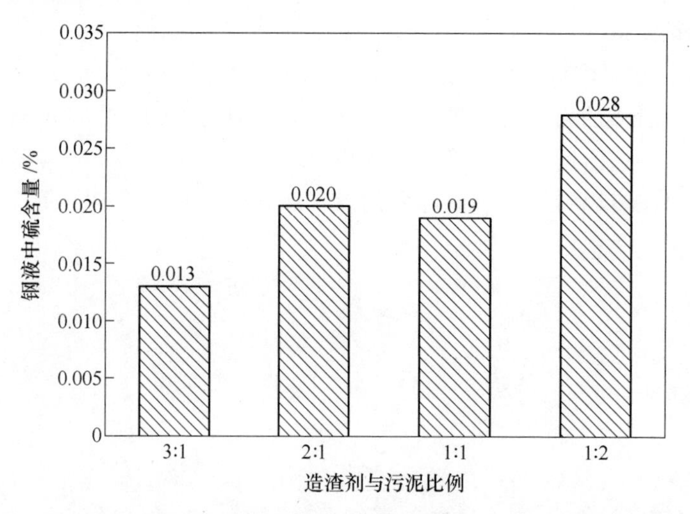

图 5-12　加入低硫污泥吹氧熔炼后钢中硫含量变化

图 5-13 为吹氧熔炼时酸洗污泥对钢中铁、镍、铬元素的影响。随着酸洗污泥加入量增多，铁含量变化不大，基本保持在 99.5%以上，镍含量呈现出一定的波动，当造渣剂与酸洗污泥比例 2∶1 时，镍含量最大为 0.13%。由于吹氧产生氧化性气氛，钢液发生碳氧反应，在氧化性气氛条件下，随着酸洗污泥比例的增

加，污泥中氧化镍较难被还原，故镍含量在比例为 2∶1 后呈减少的趋势。铬含量呈现出先增加后减少的趋势，在造渣剂与酸洗污泥比例 1∶1 时，铬含量最高为 0.12%。在吹氧熔炼条件下，始终存在 C、Cr 元素的选择性氧化，当酸洗污泥含量增加时，污泥为钢液带入更多的 Cr 元素，因此 Cr 含量提高，当增加至某一程度时，由于钢液中 C 含量相对较低，污泥中多余的氧化铬无法被还原，因此铬不会随着污泥含量的增加持续增加。在比例为 1∶2 时，铬含量降低。

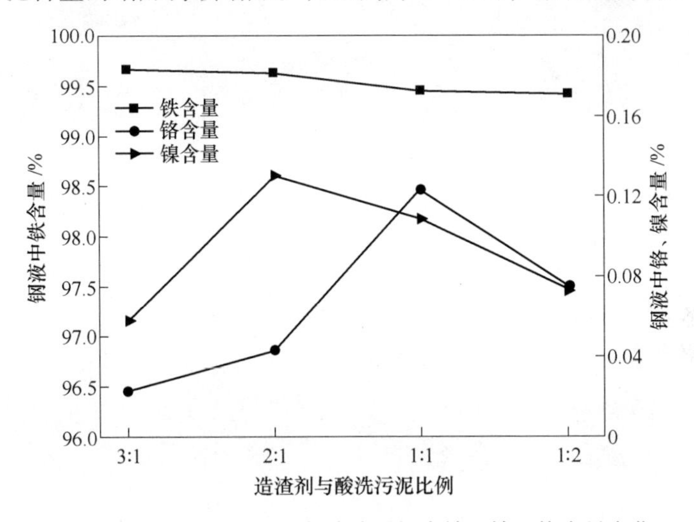

图 5-13 加入低硫污泥吹氧熔炼后钢中铁、镍、铬含量变化

综上可知，低硫酸洗污泥直接作为电炉造渣剂使用具有可行性[6]，在造渣剂与污泥比例 1∶1 时，硫满足钢种要求，铁、铬、镍元素含量相对较高，铬、镍回收率分别为 66.0%、97.9%。实验得出的造渣剂与酸洗污泥适宜比例与热力学计算一致[7]。

5.2.2.3 高硫酸洗污泥吹氧熔炼实验

按照与低硫污泥相同的实验方案，分析加入高硫污泥吹氧熔炼后钢锭中金属及硫元素含量。

图 5-14 为加入不同比例高硫酸洗污泥吹氧熔炼后钢锭上表面（上排）及底部（下排）外观。高硫污泥钢锭表面非常干净，钢锭底部几乎没有渣残留，在造渣剂与污泥比例 1∶2 时钢锭表面最为平整，其他比例的钢锭表面出现发蓝现象。

图 5-15 为加入不同比例高硫酸洗污泥吹氧熔炼坩埚中渣的外观形貌。高硫污泥吹氧熔炼后渣内部都存在孔隙。

图 5-16 为加入不同比例高硫酸洗污泥后钢中硫含量的变化。钢锭中硫含量变化趋势与低硫酸洗污泥类似，混合造渣剂中大量硫进入钢液，随着酸洗污泥加

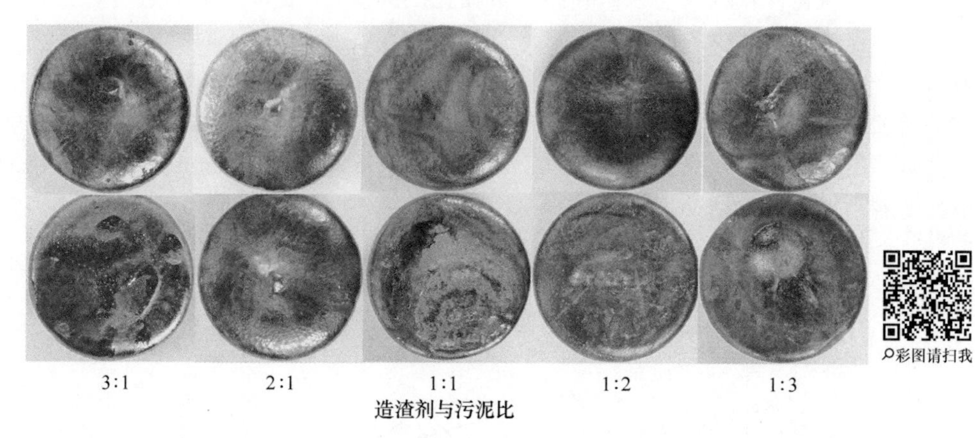

图 5-14　加入高硫酸洗污泥吹氧熔炼后钢锭上表面（上排）及底部（下排）照片

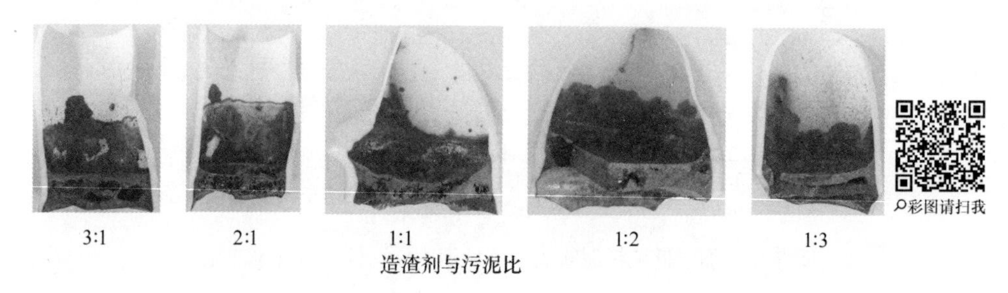

图 5-15　加入高硫酸洗污泥吹氧熔炼后坩埚中渣的外观

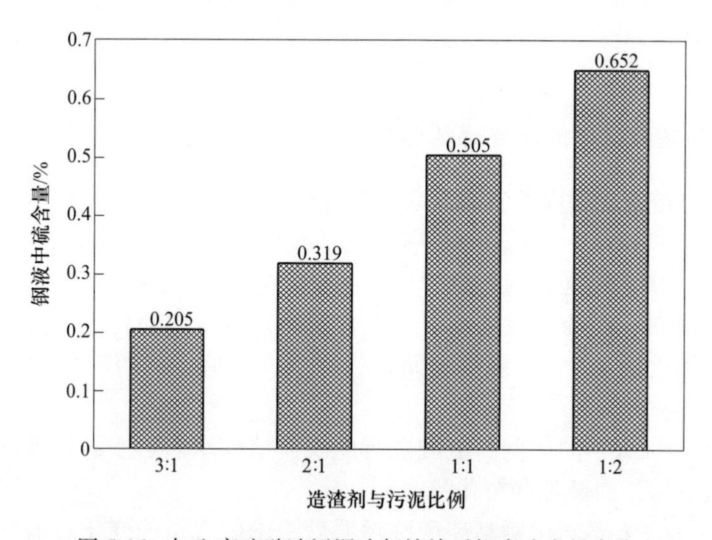

图 5-16　加入高硫酸洗污泥吹氧熔炼后钢中硫含量变化

入量增加，硫含量显著升高，在造渣剂与污泥比例 1∶2 时最高为 0.652%，远大于原钢锭硫含量，高硫污泥直接作为造渣剂应用会造成钢液硫含量增加，无法满足冶炼终点钢液对硫含量的要求，因此高硫污泥如要在炼钢中应用，必须通过预处理降低污泥中的硫含量。

图 5-17 为高硫酸洗污泥加入后对钢中铁、镍、铬元素的影响。随着酸洗污泥量的增加，铁含量呈现略微降低的趋势，在造渣剂与污泥比例为 1∶3 时钢锭中铁含量最低为 99.35%；镍含量呈现出递增的趋势，在造渣剂与污泥比例 3∶1 时，镍含量最高为 0.0497%；铬含量呈现出先增加后减少的趋势，在造渣剂与污泥比例 1∶1 时，铬含量最高为 0.028%。加入高硫污泥后钢液中铬、镍元素的回收率远小于低硫污泥的相应值。

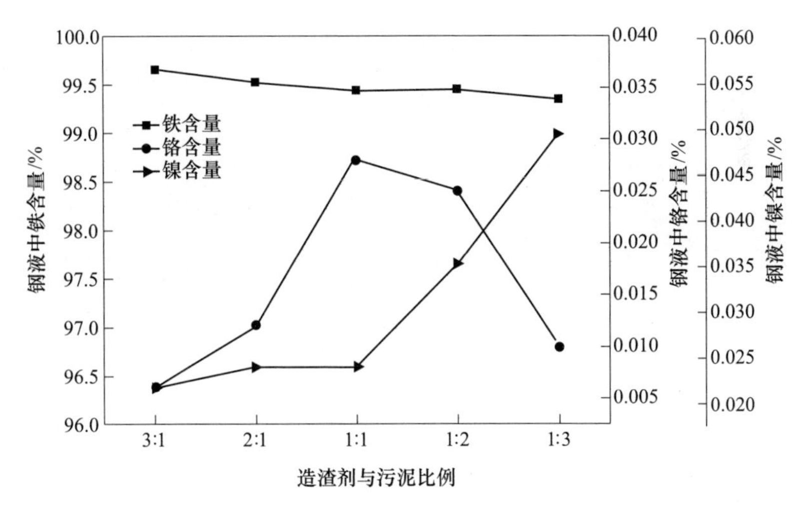

图 5-17　加入高硫酸洗污泥吹氧熔炼后钢中铁、镍、铬含量变化

5.2.3　酸洗污泥作为造渣剂对钢锭的影响分析

实验钢锭中铬、镍、铜含量不超过 0.30%。添加造渣剂与酸洗污泥比例为 1∶1 的混合造渣剂，三种钢锭成分见表 5-10，钢液中的铬、镍含量低于 0.30%，对钢锭影响不大。

表 5-10　钢锭中元素含量　　（wt.%）

样　品	S	Ni	Cr
初始样品	0.018	—	—
低硫熔炼钢锭	0.016	0.0599	0.003
低硫吹氧熔炼钢锭	0.019	0.1102	0.124
高硫吹氧熔炼钢锭	0.505	0.0218	0.006

图 5-18 为原钢样的 SEM 及 EDS 分析。1 号区域和 2 号区域不同于钢锭基体，其中 2 号区域主要元素为 C、Fe、O，并含少量的 Si、P、S、Ni 等元素，1 号区域中的主要元素与钢锭中 3 号区域相同，均为 Fe、Mn、C 元素，但含量有一定差异。

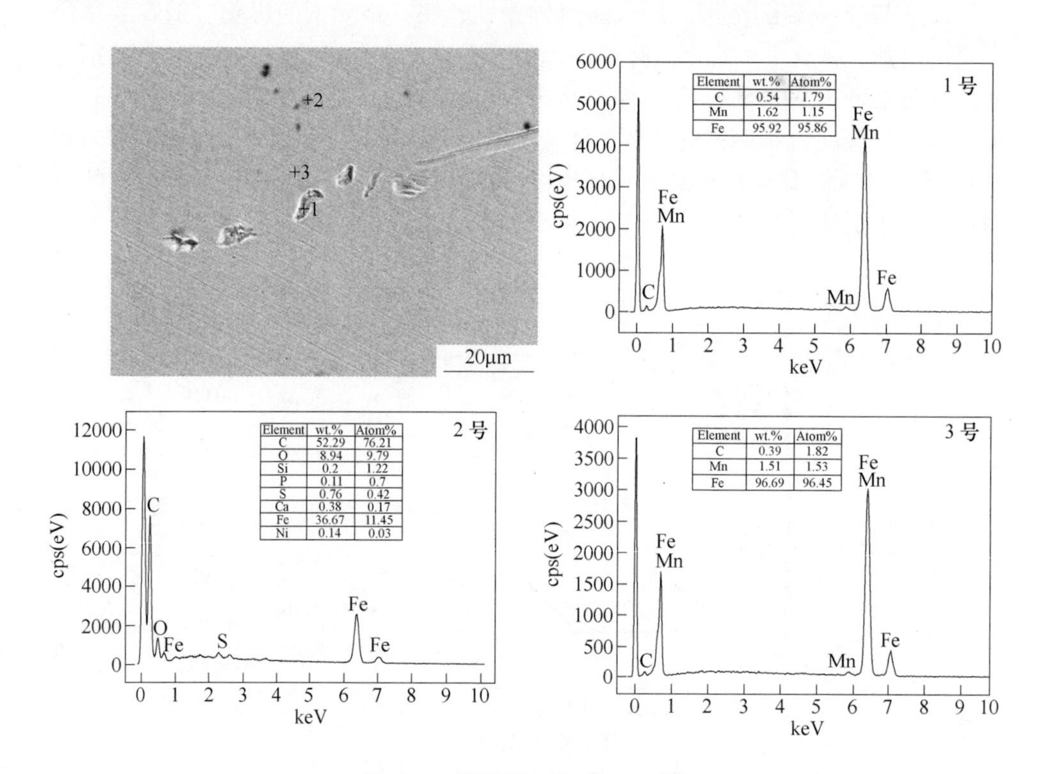

图 5-18　原钢样 SEM 及 EDS 图

图 5-19 为加入低硫污泥造渣剂熔炼（不吹氧）后钢样 SEM 及 EDS 图。经过熔炼的钢锭表面出现黑色区域 4，主要元素为 C、O、Fe、S、P、Mn，为 S 元素的主要聚集区。灰色区域 5 的主要元素为 C、Fe，并为 F、Ni 元素的集中区。6 号区域为 Fe、C 元素。

图 5-20 为加入低硫酸洗污泥造渣吹氧熔炼后的钢样 SEM 及 EDS 图，吹氧后钢锭上出现长条状和圆形的黑色区域，黑色区域 8 的主要元素为 C、Fe，且 F、Cr、Ni 等元素集中在此区域，并含有微量 S 元素。7 号区域的元素主要为 Fe、C 元素。

图 5-21 为加入高硫污泥作为电炉造渣剂吹氧熔炼后的钢样表面 SEM 及 EDS 图，钢锭表面黑色区域 9 主要是 Fe、O、Al、S、Ni 等元素聚集区。区域 10 的主要元素为 C、Fe。

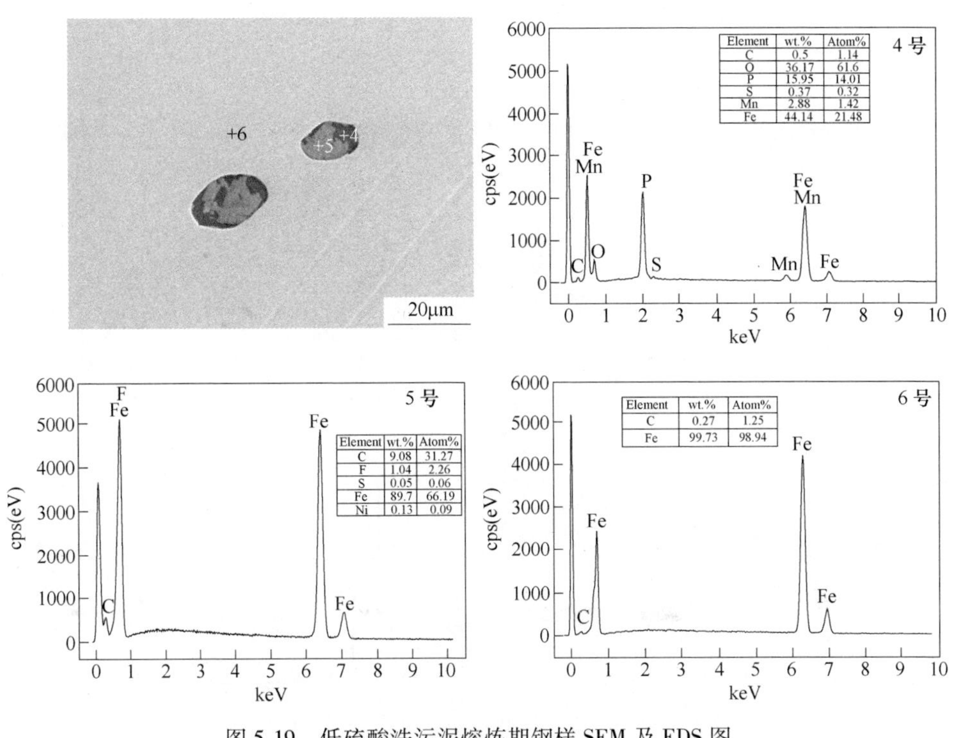

图 5-19 低硫酸洗污泥熔炼期钢样 SEM 及 EDS 图

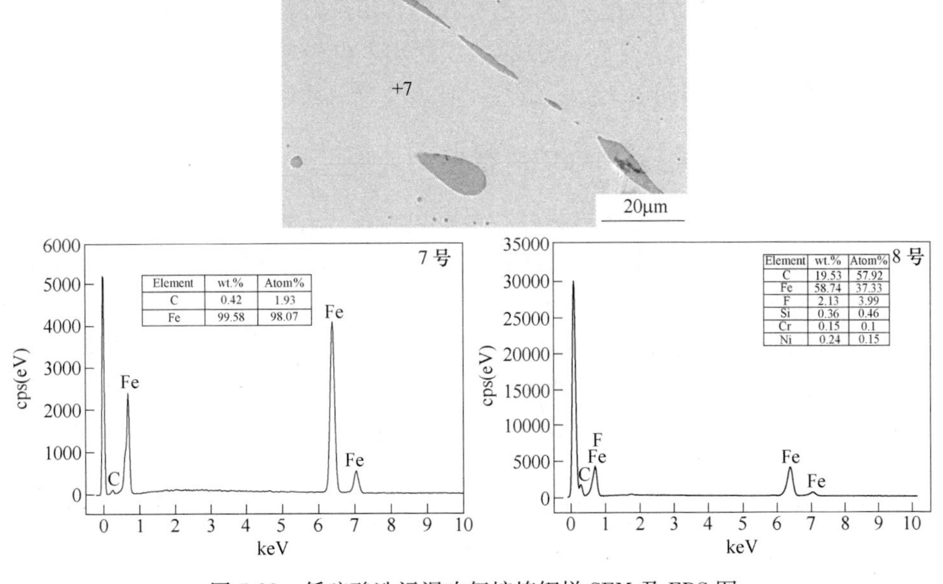

图 5-20 低硫酸洗污泥吹氧熔炼钢样 SEM 及 EDS 图

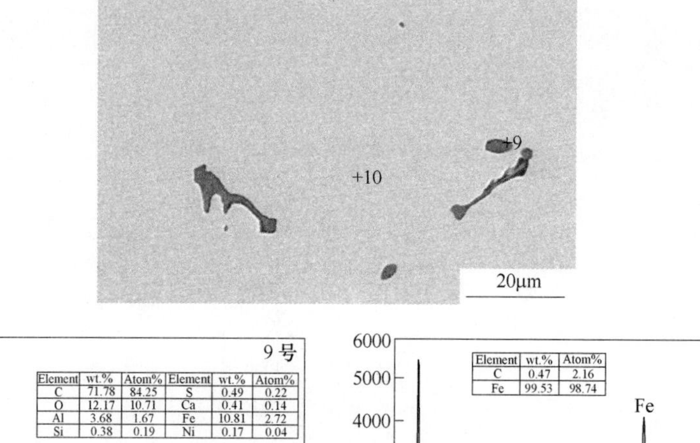

Element	wt.%	Atom%	Element	wt.%	Atom%
C	71.78	84.25	S	0.49	0.22
O	12.17	10.71	Ca	0.41	0.14
Al	3.68	1.67	Fe	10.81	2.72
Si	0.38	0.19	Ni	0.17	0.04

Element	wt.%	Atom%
C	0.47	2.16
Fe	99.53	98.74

图 5-21　高硫酸洗污泥吹氧熔炼钢样 SEM 图

综上所知，将污泥作为电炉造渣剂加入电炉冶炼过程，污泥中的 Cr、Ni、S、F 等元素均可以进入到钢锭中，低硫酸洗污泥加入电炉炼钢中对钢锭 S 含量影响不大，有价元素可适量回收。而高硫污泥必须脱硫后才可以作为造渣剂应用。

5.3　酸洗污泥用作氩氧精炼炉渣料理论计算

氩氧精炼炉（AOD）是不锈钢精炼的主要设备，有产量高、质量高、铬收得率高的特点。AOD 精炼过程分为氧化期和还原期，氧化期通过控制合适的氩氧比实现钢水脱碳，接近氧化末期，加入适量硅铁及渣料纯吹氩预还原，硅铁熔化好时扒掉一部分渣，扒渣后加入还原渣料（主要为石灰及萤石）纯吹氩化渣，而后根据需要加入铝粉或硅钙粉调渣，并调整成分至控制目标。

酸洗污泥中含有一定量的 CaO 及 CaF_2，理论上有替代 AOD 渣料的可能性，本节采用 FactSage 热力学软件的 Equilib 模块对不同含硫量的酸洗污泥，计算了在 AOD 不同冶炼阶段，不锈钢母液中加入不同比例的酸洗污泥后，钢液中硫及有价金属的含量变化，并进行了实验研究。

研究所用不锈钢母液成分见表 5-11，酸洗污泥成分见表 5-12。

表 5-11 不锈钢母液成分 (wt. %)

元素	Ni	Cr	C	S	Mn	Si	P	Fe
母液 A，含量	0.09	12.57	2.37	0.01	0.22	0.19	0.02	84.46
母液 B，含量	0.08	10.226	1.956	0.011	0.241	0.328	0.024	87.079
母液 C，含量	0.40	7.24	1.80	0.01	0.23	0.18	0.02	90.03

表 5-12 中硫酸洗污泥成分 (wt. %)

组成	CaF_2	$CaCO_3$	$CaSO_4 \cdot 2H_2O$	Fe_2O_3	NiO	Cr_2O_3	SiO_2	Al_2O_3	CaO
含量	15.559	10.667	13.975	27.0	1.373	3.932	1.54	0.58	12.806

计算时，取电炉不锈钢母液 100g，酸洗污泥分别配加 0.5%、1%、2%、3%、5%、8%，10%，氧气按脱碳需要取值，在 1600℃对不锈钢母液与不同配比污泥的反应情况通过 Factsage 软件进行热力学计算。为计算简便，氧化期采用纯吹氧，还原期采用纯吹氩。

氧化期计算时，以不锈钢母液作为第 1 相，酸洗污泥作为第 2 相，氧气作为第 3 相计算。氧化期计算设置如图 5-22 所示。

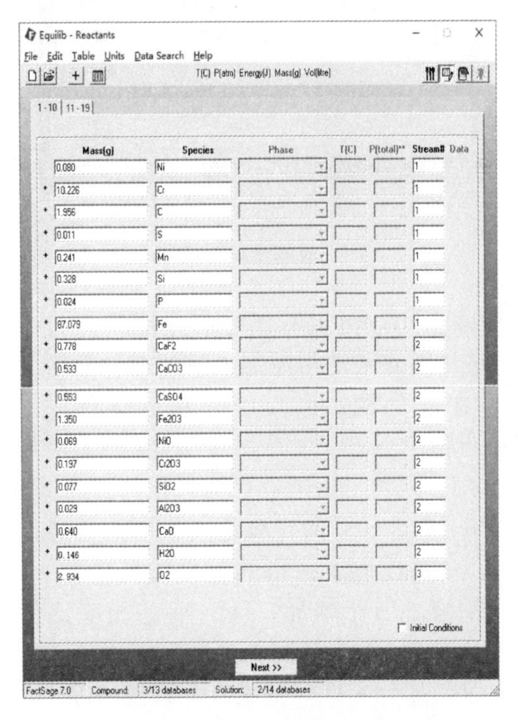

图 5-22 氧化期计算设置示例

还原期计算时，以氧化期计算获得的钢水成分作为第 1 相，氧化期渣作为第 2 相，按氧化期终点钢水成分脱硫需要确定加入的分析纯 CaO 作为第 3 相，按氧化期钢水中铬还原需要的 75% FeSi 为第 4 相计算。还原期计算设置如图 5-23 所示。

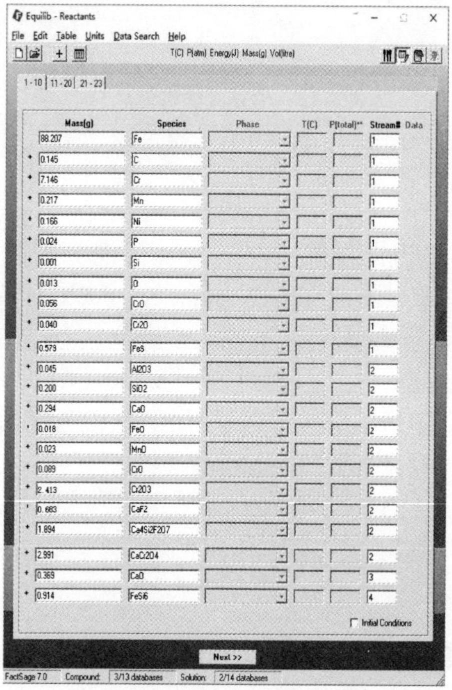

图 5-23　还原期计算设置示例

计算结果如图 5-24 所示。可以看出，氧化期终点时，三种不同的不锈钢母液中 Fe、Ni、S 含量均随着酸洗污泥加入量的增加而增大，Cr 含量呈逐渐降低的趋势，其原因是在氧化期，母液中存在的碳优先还原污泥中的 NiO、Fe_2O_3、$CaSO_4$ 等促使母液中 Ni、Fe、S 增加，同时 Cr 和 C 存在选择性氧化问题，在此温度和压力条件下，Cr 优先于 C 的氧化，因而造成母液中 Cr 的降低。在还原期终点，Fe、Ni、Cr、S 呈现与氧化期相同的趋势，但由于添加了硅铁还原，相同的酸洗污泥添加比例下，铬的氧化物被还原，使得母液中 Cr 的含量高于氧化期终点，钢液总质量增加，Fe、Ni 的相应比例略呈下降趋势，Ni 的变化不显著，Fe 变化稍大。S 含量降低还与污泥中带入的 CaO 和在还原期加入的 CaO 有关，CaO 可与部分 S 反应生成 CaS 入渣去除。从有价元素利用的角度看，添加酸洗污泥可一定程度回收其中的 Fe、Cr、Ni，但钢水存在增硫的风险。

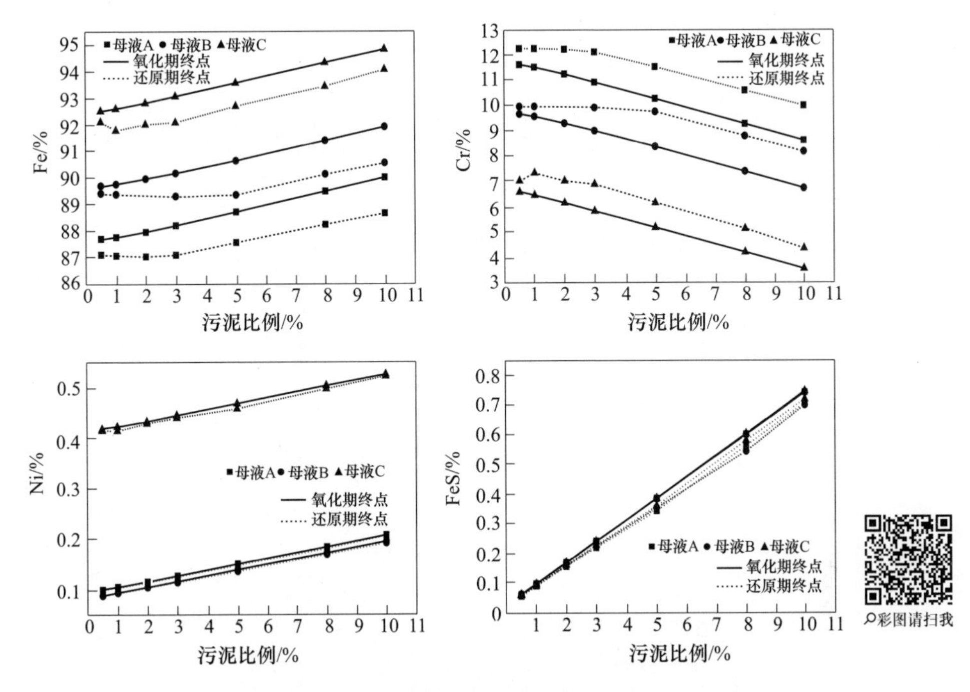

图 5-24　不锈钢母液配加酸洗污泥后钢水成分变化

5.4　酸洗污泥用作氩氧精炼炉渣料试验研究

按照 AOD 冶炼工艺分阶段进行模拟研究，氧化期原料采用不锈钢母液块，还原期采用不锈钢成品板带。

5.4.1　氧化期试验

为探究不同成分的不锈钢母液添加酸洗污泥后钢水成分的变化，实验选用不锈钢母液块进行研究，成分见表 5-13，不锈钢酸洗污泥成分见表 5-12，石灰及萤石为分析纯，氧气纯度 99.9%。

表 5-13　不锈钢母液成分　(wt. %)

元素	Ni	Cr	Fe	C	S	Mn	Si	P
含量	0.09	12.57	84.46	2.37	0.01	0.22	0.19	0.02

在 AOD 生产不锈钢过程中，通过位于 AOD 精炼炉近底部侧壁上的多支双套管式喷枪向熔池吹入不同比例的氧气和氩气（或氮气）的混合气体，以降低 CO 分压，实现“脱碳保铬”。实验用井式电阻炉（SKL16-Φ100×250-BYL）如图 5-25 所示。利用石英管连接氧气瓶进行氧气顶吹，实验中简化为只吹氧气，在一定程度上模拟 AOD 炉冶炼环境。

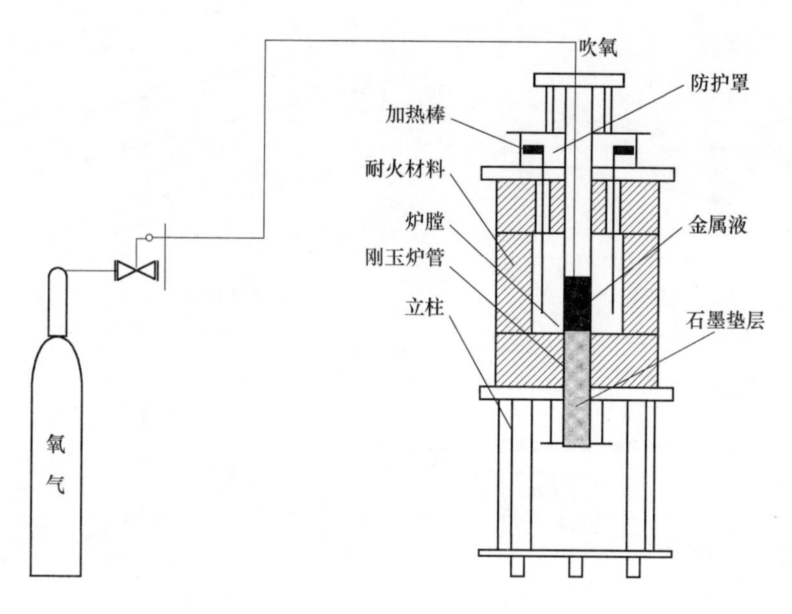

图 5-25　改造的管式电阻炉

称量不锈钢母液块 300g 放入刚玉坩埚备用；称量酸洗污泥 30g，再按照碱度需要称量一定量的 CaO（配入酸洗污泥及 CaO 的综合碱度为 4），将酸洗污泥和 CaO 混合备用。

将盛放不锈钢母液块的刚玉坩埚放入管式炉内，盖上炉盖，开始升温。加热过程中底吹氩气保护，防止金属液被空气氧化。待炉子升温至 1600℃，并恒温 30min 时用石英管取第一个金属样，取样完成后将配置好的污泥及 CaO 用石英管加入钢液中，随后将通气石英管插入金属液内开始通入氧气，氧气流量 150～200mL/min，并用搅拌棒进行适当搅拌，确保成分均匀且污泥和金属液充分接触。吹氧 20min 第二次取金属样，40min 第三次取金属样，60min 第四次取金属样，整个实验过程取金属样 4 次。取样完成后，关闭氧气阀门，降温至室温取出坩埚，样品送检分析。

不锈钢母液中硫含量与吹氧时间的关系如图 5-26 所示[8]。为了清晰表达硫的变化，采用绝对质量示例，其中初始硫的绝对质量为 0.03g（300g 不锈钢母液中硫的绝对质量含量）。从图 5-26 可以看出，随着吹氧时间的持续，钢液 S 含量显著增加。吹氧 20min 时，钢液 S 含量增加到 0.14g，增加量明显，说明污泥中硫酸钙大量分解或与母液中的碳反应导致钢液增硫。吹氧 40min 时，钢液中的 S 含量增加到 0.156g，增加幅度小于 20min 以前，表明硫酸钙分解或反应增硫速率降低。吹氧 60min 时，钢液中 S 含量为 0.115g，相比于 40min 时钢液中的 S 含量减小，表明钢液中的 S 部分被脱除，其原因可能是母液中碳随着吹氧时间延长大量消耗，其促进硫酸钙分解的能力减弱，同时酸洗污泥中添加的CaO以及污泥分解产生的CaO良好溶解入渣，其与钢液中的S发生反应生成CaS进入到渣中，从而降低了钢液中S含量。

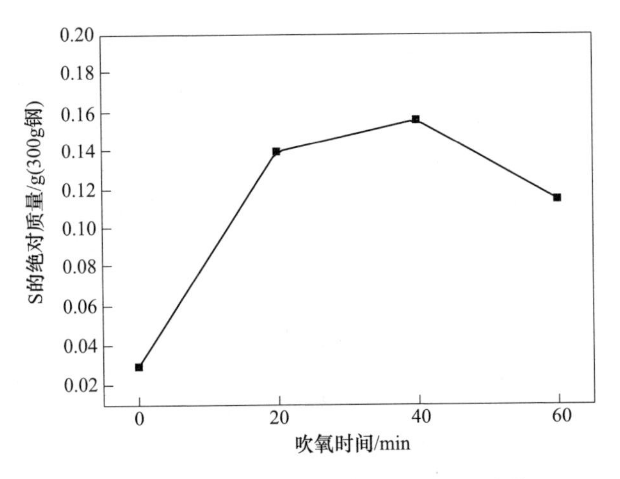

图5-26　母液中S含量随吹氧时间的变化

5.4.2　还原期试验

由于经氧化期实验后的金属液中黏附有较多炉渣，洁净度难以保证，为了实验数据的准确性，选取不锈钢成品作为还原期的金属液进行实验研究，其原理与采用氧化末期钢水成分相同。

试验在井式电阻炉（SKL16-Φ100×250-BYL）中完成。

试验用不锈钢酸洗污泥成分见表5-12，304不锈钢成分见表5-14，氩气纯度为99.999%。

表5-14　不锈钢304化学成分　（wt.%）

元素	Ni	Cr	Fe	C	S	Mn	Si	P
含量	7.635	19.265	71.018	0.043	0.015	1.161	0.389	0.015

称量304不锈钢片200g及酸洗污泥20g，将其放入刚玉坩埚（ϕ60×120mm）内备用。用通气软管连接井式炉和气瓶，Ar保护气流量为300mL/min，开始通气。开炉并将坩埚放入炉内，盖上炉盖，开始升温。待炉子升温至1630℃，用搅拌棒进行适当搅拌，确保成分均匀且污泥和金属液充分接触，取第一个金属样，之后每间隔30min取样一次，共取样三次。取样结束后，开始降温，关闭气瓶。降温至室温取出坩埚，样品送检分析。

实验中不锈钢成品中S的增加量如图5-27所示。当采用不锈钢成品作为金属液时，加入污泥后金属液中 S 的质量有较大幅度增加，在保温 30min 内增硫较为显著，随保温时间从 30min 延长到 60min，硫含量基本无变化。

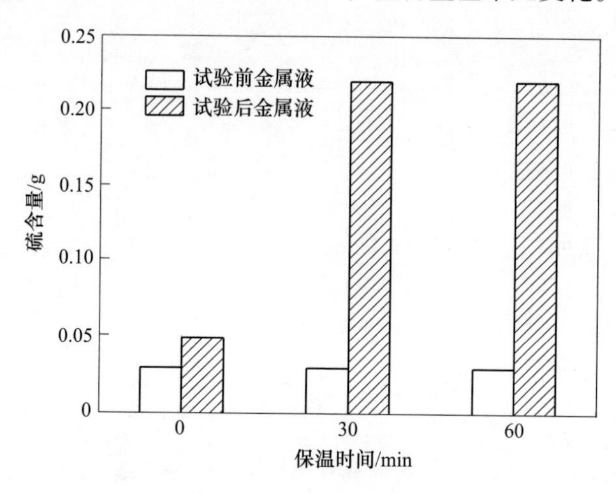

图 5-27　不锈钢成品中硫的质量

5.5　小结

本章提出将酸洗污泥作为电炉造渣剂应用的技术思路，通过对酸洗污泥作为电炉造渣剂的热力学计算及热态实验研究，探讨了不同硫含量及污泥配比条件下的造渣情况、金属收得率及硫含量变化，初步验证了低硫酸洗污泥作为电炉造渣剂应用的可行性。实现了污泥中铁、铬、镍成分的回收利用，而且充分利用酸洗污泥中 CaO、CaF_2 等熔剂成分，减少炼钢造渣剂的使用，是值得深入研究并推广的应用方案。

值得注意的是，低硫酸洗污泥作为造渣剂对钢液中的硫基本上无影响，而高硫酸洗污泥作为造渣剂与废钢熔化吹氧熔炼时钢液出现大量增硫，且金属回收量相比低硫污泥降低，因此高硫酸洗污泥必须进行预处理脱硫后才可作为造渣剂加入电炉。

高硫污泥加入 AOD 精炼不同时期，钢水中硫含量均有不同程度的增加，因而加入时，应严格控制加入量，避免污泥添加带来的钢水中硫含量超标报废。

参 考 文 献

［1］李小明，贾李锋，邹冲，等．不锈钢酸洗污泥资源化利用技术进展及趋势［J］．钢铁，2019，54（10）：1-11.

［2］王容岳，袁章福，谢珊珊，等．AOD 炉喷吹 CO_2 代替部分 Ar 或 O_2 脱碳保铬的热力学分析［J］．钢铁研究学报，2018，30（11）：874-880.

［3］徐匡迪，肖丽俊．关于不锈钢精炼的过程模型与质量控制［J］．钢铁，2011，46（1）：1-13.

［4］尹卫东．酸洗污泥作为电炉造渣剂的理化性能及应用研究［D］．西安：西安建筑科技大学，2018.

［5］李小明，尹卫东，沈苗，等．铬镍不锈钢酸洗污泥还原预处理脱硫动力学［J］．钢铁，2018，53（2）：87-94.

［6］李小明，王建立，吕明，等．不锈钢酸洗污泥用作炼钢造渣剂的试验［J］．钢铁，2019，54（3）：96-101.

［7］Li Xiaoming，Lv Ming，Yin Weidong，et al. Desulfurization thermodynamics and experiment of stainless steel pickling sludge［J］. Journal of Iron and Steel Research，International. 2019，26（5）：519-528.

［8］鲁超超．不锈钢酸洗污泥返回利用过程硫及有价金属的迁移特性研究［D］．西安：西安建筑科技大学，2017.

6 不锈钢酸洗污泥脱硫热力学及动力学

酸洗污泥在冶金企业返回利用，是实现其中有价金属元素回收及熔剂成分综合利用的较优思路，可望协同实现其中 CaF_2、CaO 及镍、铬、铁等的综合利用[1,2]。其中的关键问题是准确把握酸洗污泥在冶金复杂体系中硫酸盐的稳定性和转化[3,4]，控制熔炼过程中导致铁水或钢水增硫的风险。本章分析探讨酸洗污泥预处理脱硫的热力学、动力学，配碳还原的优化条件，以及酸洗污泥配加高炉除尘灰的脱硫效果等，为不锈钢酸洗污泥在冶金企业的资源化利用提供理论基础和实验依据。

6.1 原料及酸洗污泥加入金属液热力学

研究所用铁水、钢水、酸洗污泥成分分别见表 6-1～表 6-3。

表 6-1 铁水原始成分 (wt. %)

元素	Fe	C	Si	Mn	P	S
含量	94.86	4.2	0.45	0.3	0.15	0.04

表 6-2 不锈钢母液原始成分 (wt. %)

元素	Fe	C	Si	Mn	P	S	Cr	Ni
含量	84.53	2.37	0.19	0.22	0.02	0.01	12.57	0.09

表 6-3 酸洗污泥原始成分 (wt. %)

成分	CaF_2	$CaCO_3$	CaO	$CaSO_4 \cdot H_2O$	Fe_2O_3	Cr_2O_3	NiO	SiO_2	Al_2O_3
含量	15.559	10.667	12.806	13.975	27.0	3.932	1.373	1.54	0.58

酸洗污泥主要结晶相是 CaF_2、$CaSO_4$、$CaCO_3$、$NiFe_2O_4$及 SiO_2。酸洗污泥的粒径小于 10μm。

为探究酸洗污泥加入冶炼炉后对金属液成分的影响，选取表 6-1 铁水及表 6-2 不锈钢母液各 100g，分别添加表 6-3 的酸洗污泥 1%～10%，采用 FactSage 热力学软件的 Equilib 模块进行计算，重点分析金属液中 Fe、Cr、Ni、S 含量的变化。

定义金属液中 X 元素增量与污泥中 X 元素原始含量之比为金属液中相应元素带入率，即：

$$\text{金属液中 X 元素带入率} = \frac{\text{金属液中 X 元素增量}}{\text{污泥 X 元素总含量}} \times 100\%$$

铁水中配加1%~10%的酸洗污泥后对应元素的带入率如图6-1所示。污泥加入铁液后，污泥中的Fe、Cr、Ni元素99%以上都进入了铁液中，达到了金属回收效果，但酸洗污泥中S元素在污泥加入量低于6%时，99%以上的S进入铁液中，污染了铁液。其原因是，当污泥配比较低时，铁水中的C含量相对较高，形成了较强的还原气氛，污泥中的NiO和Fe_2O_3首先被C还原，接着污泥中的硫酸钙与铁水中的过剩C发生反应（6-1）、反应（6-2）和反应（6-3），引起铁水增硫。当污泥量增加到6%以上时，铁水中的C含量相对降低，还原性气氛变弱，反应（6-4）发生。与此同时，由硫酸钙反应生成的CaO与铁水中的FeS发生反应（6-5），实现铁水脱硫，使得污泥添加量超过6%时，污泥带入铁水中的硫降低。

$$CaSO_4 + 4C \longrightarrow CaS + 4CO \tag{6-1}$$

$$CaSO_4 + 3CaS \longrightarrow 4CaO + 2S_2 \tag{6-2}$$

$$Fe + S \longrightarrow FeS \tag{6-3}$$

$$CaSO_4 + 1/2C \longrightarrow CaO + 1/2CO_2 + SO_2 \tag{6-4}$$

$$FeS + CaO \longrightarrow CaS + FeO \tag{6-5}$$

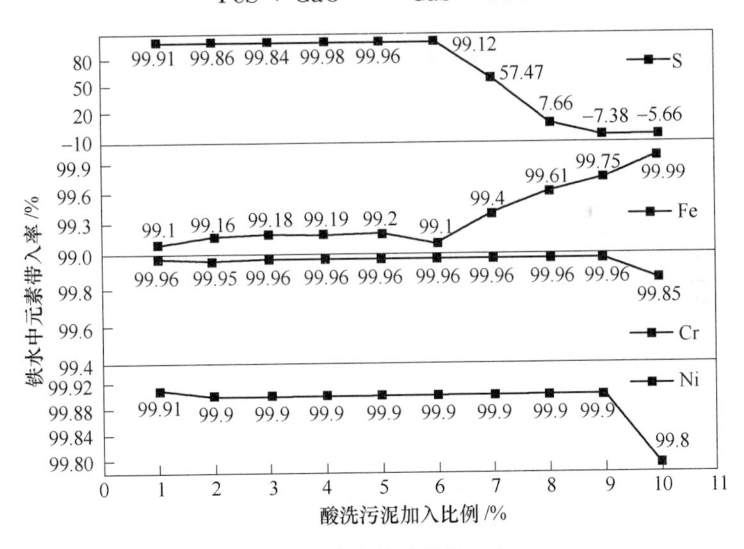

图6-1　铁液中元素带入率

不锈钢母液配加1%~10%的酸洗污泥后，相应元素的带入率如图6-2所示。随着酸洗污泥添加量的不断增加，污泥中超过99%的Ni、超过80%的Cr、超过65.6%的Fe被带入钢水中，硫元素的带入率逐渐降低。其原因是，不锈钢母液中的C含量低于铁水中的C含量，当污泥添加量小于2%时，反应（6-1）、反应（6-2）、反应（6-3）发生导致钢液增硫。随着污泥添加量的增加，由于反应（6-4）

和反应（6-5）的进行，带入钢水中的硫下降。然而，由于不锈钢母液中较低的碳含量使得反应（6-1）和反应（6-4）进行不充分，反应（6-5）的脱硫反应进行的也不彻底。

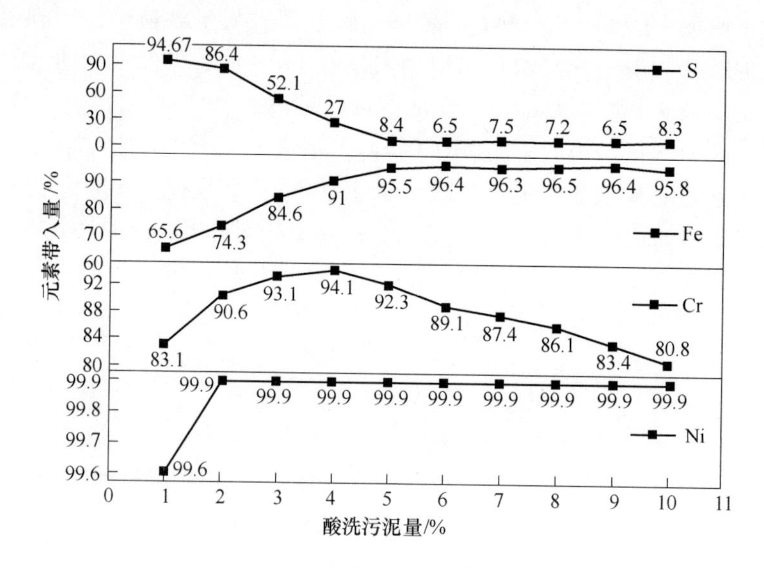

图 6-2　不锈钢母液中元素带入率

由以上计算结果可知，在污泥添加量 1%～10%范围内，Fe 元素随污泥加入量的增大，其进入金属液的比例升高，Ni 元素在金属中的带入率稳定在 99.9%，Cr 元素带入率在钢液中呈先升高后降低的趋势，S 元素带入率随污泥加入量的增大呈下降趋势，但对铁液和钢液开始下降时的污泥加入量不同。考虑到实际冶炼工况，不可能大量添加污泥，所以冶炼过程中配入污泥时必须考虑金属液的增硫问题。

6.2　酸洗污泥焙烧脱硫热力学及实验

6.2.1　热力学

酸洗污泥带入金属液中的 S 来源于污泥中 $CaSO_4$，对污泥预处理除去其中的 S 元素实则为除去污泥中 $CaSO_4$[5]。

6.2.1.1　硫酸钙分解热力学

硫酸钙纯物质分解脱硫温度很高，在添加还原剂 C、CO、H_2、CH_4 后，分解温度将有一定降低，有 Fe_2O_3、Al_2O_3 等存在时也有利于 $CaSO_4$ 的分解脱硫[5-10]。利用热力学软件 FactSage 分别计算 $CaSO_4$ 在惰性环境、添加还原剂、添加其他成分后其反应式及温度，结果如图 6-3 和图 6-4 所示。

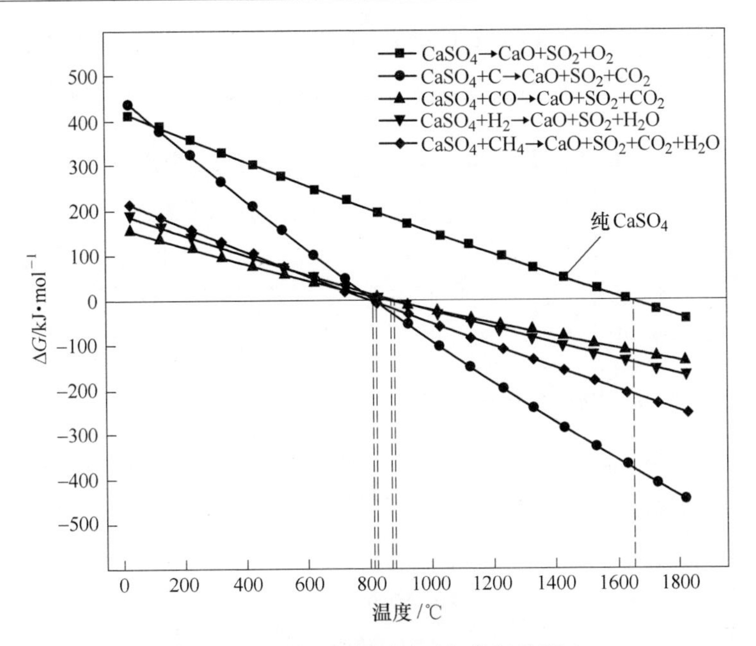

图 6-3　不同还原剂对硫酸钙分解的影响

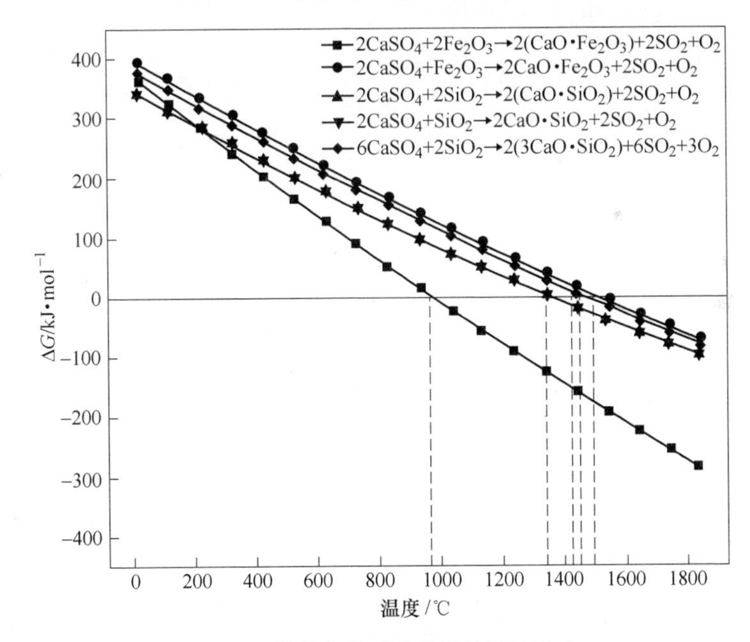

图 6-4　其他成分对硫酸钙分解的影响

从图 6-3 中可以看出，直接焙烧时硫酸钙分解需要在 1650℃以上，实验及工业上应用难度较大。添加还原剂 C、CO、H_2、CH_4 后，硫酸钙还原分解温度依次为 825℃、888℃、879℃、817℃，分解温度显著降低。

图 6-4 显示添加 Fe_2O_3、SiO_2、Al_2O_3 对硫酸钙分解的影响。其分解温度降低到 960℃、1333℃和 1425℃，说明添加适宜化合物物质同样能够降低硫酸钙的分解温度。

综上，若单纯升温使硫酸钙分解脱硫过程所需温度太高，加入还原剂 C、CO、H_2、CH_4 后，硫酸钙分解温度大大降低，还原环境下酸洗污泥焙烧热力学条件优势明显；同时，其他组分如 Fe_2O_3、SiO_2、Al_2O_3 等也会降低硫酸钙分解温度，酸洗污泥中成分复杂，且含有上述 Fe_2O_3、SiO_2 和 Al_2O_3 等物质，所以污泥惰性环境焙烧也有可能脱硫。

6.2.1.2　酸洗污泥惰性环境焙烧热力学

在惰性环境下，酸洗污泥自身所含复杂成分 Fe_2O_3、Al_2O_3 等可与 $CaSO_4$ 在焙烧过程发生反应，利用 FactSage 计算污泥在惰性环境中随温度升高而发生的变化，结果如图 6-5 所示[11]。

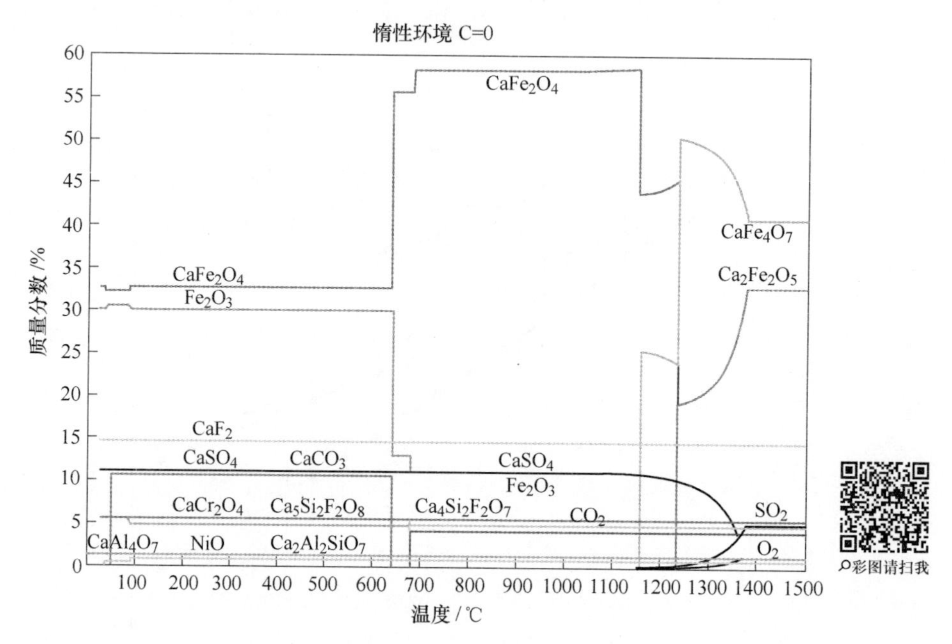

图 6-5　惰性环境酸洗污泥焙烧过程物态变化

图中每条曲线代表一种物质，曲线在某温度点出现上升或下降表示此物质在该温度点下被生成或参与反应被消耗，直线表示无反应。例如在 640℃ 时，$CaCO_3$ 线骤降为 0，同时新出现 CO_2 线，则该反应为 $CaCO_3$ 分解为 CaO 与 CO_2，与此同时，生成的 CaO 立即与 Fe_2O_3 反应生成 $CaFe_2O_4$，所以导致 Fe_2O_3 线在 640℃骤减和 $CaFe_2O_4$ 骤增。在 1013℃以上，$CaFe_2O_4$ 升高，$CaSO_4$ 降低，同时，

Fe_2O_3 的量减少。在惰性环境下，特定温度下发生的与脱硫有关的反应如下所示：

1013℃：$CaSO_4 + Fe_2O_3 \longrightarrow CaO \cdot Fe_2O_3 + SO_2 + 1/2O_2$ (6-6)

1156℃：$CaO \cdot Fe_2O_3 + Fe_2O_3 \longrightarrow CaO \cdot 2Fe_2O_3$ (6-7)

$CaSO_4 + CaO \cdot 2Fe_2O_3 \longrightarrow 2(CaO \cdot Fe_2O_3) + SO_2 + 1/2O_2$ (6-8)

1236℃：$3(CaO \cdot Fe_2O_3) \longrightarrow 2CaO \cdot Fe_2O_3 + CaO \cdot 2Fe_2O_3$ (6-9)

$3CaSO_4 + 3(CaO \cdot 2Fe_2O_3) \longrightarrow 2(2CaO \cdot Fe_2O_3) + 2(CaO \cdot 2Fe_2O_3) + 3SO_2 + 3/2O_2$ (6-10)

1378℃：反应（6-10）截止，$CaSO_4$ 反应分解完全。

热力学计算表明：在 Fe_2O_3 的存在下，$CaSO_4$ 大量分解反应区间为 1013～1378℃。与纯 $CaSO_4$ 分解温度（1650℃）相比，该反应降低了 $CaSO_4$ 的分解温度，其中的 S 以 SO_2 形式逸出，达到了污泥脱硫目的。

为了具体表征酸洗污泥在焙烧过程中的物相变化，选取以上热力学计算所采用的污泥进行热重-差热-质谱分析，结果如图 6-6 所示。TG 与 DSC 曲线表明在焙烧过程中发生的反应可能有物质的脱水、脱气、分解、相变。酸洗污泥升温过程可分为三个阶段：第一阶段 25～600℃，反应失重伴随吸热，失重约 9.7%，吸收热量 378.3J/g，为游离水以及结晶水的脱除；第二阶段 600～800℃，放出 CO_2 气体，反应失重伴随吸热，失重约 3.89%，吸收热量 90.27J/g；第三阶段 1000～1400℃，放出 SO_2 气体，峰值出现在 1300℃，反应失重伴随吸热，失重约 7.80%。

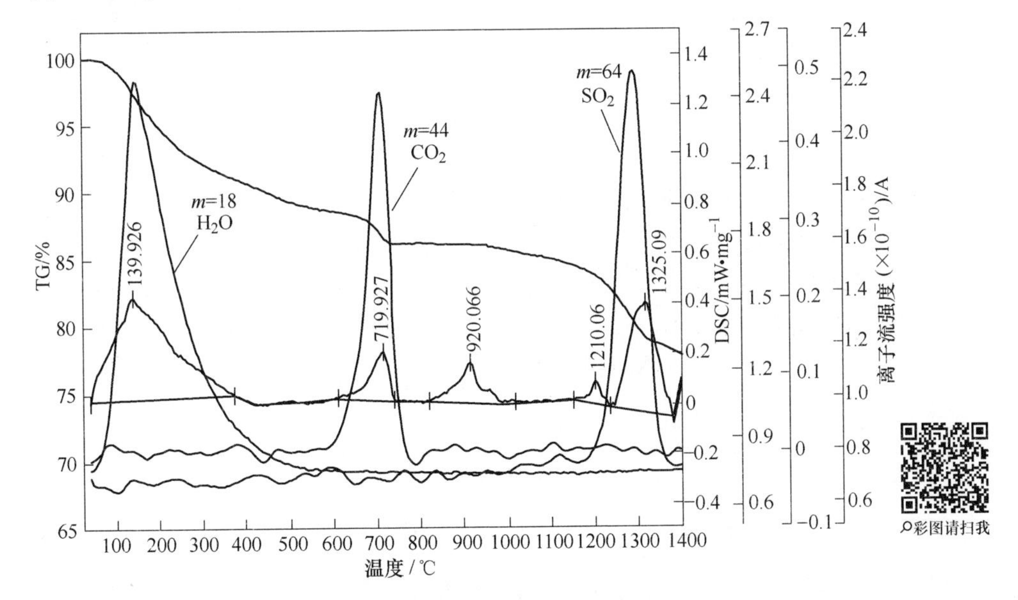

图 6-6 酸洗污泥热重-差热-质谱分析

对比图 6-5 热力学计算结果与图 6-6 的热重-质谱数据可以发现，热力学计算在 650℃左右发生了 $CaCO_3$ 分解反应出现 CO_2，在 1200℃左右 $CaSO_4$ 与 Fe_2O_3 反应放出 SO_2，这与热重-质谱数据吻合良好。

6.2.1.3　酸洗污泥还原环境焙烧热力学

在还原环境下（选取碳作为还原剂），碳与污泥中复杂组分在焙烧过程发生反应，酸洗污泥配入 0.8%的碳进行计算，结果如图 6-7 所示[11]。

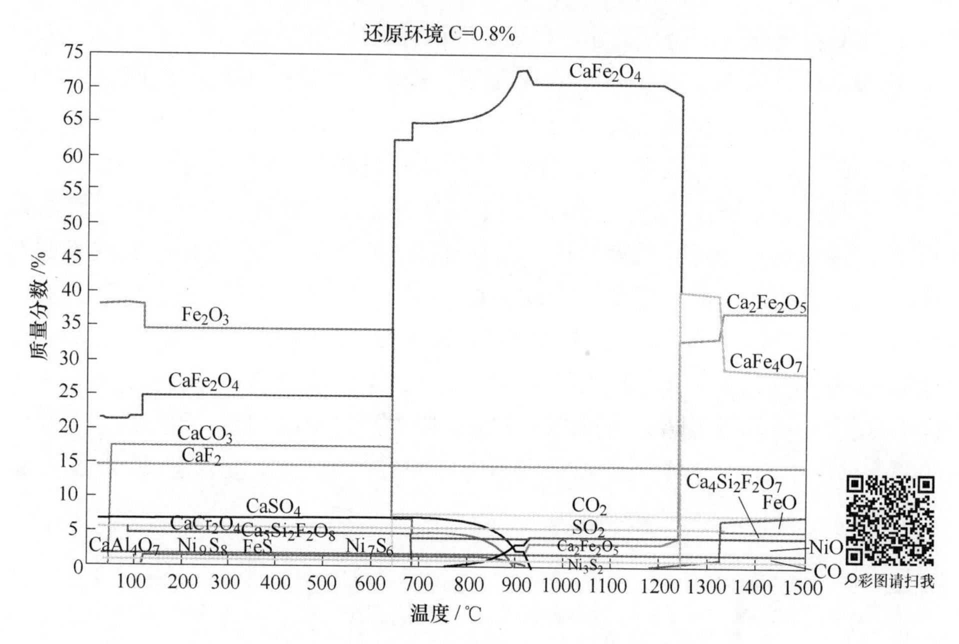

图 6-7　还原环境酸洗污泥焙烧过程物态变化

从图 6-7 可以看出，$CaCO_3$ 在 650℃分解生成的 CaO 与污泥中的 Fe_2O_3 发生反应（6-12），从而增加了 $CaFe_2O_4$ 的数量。反应（6-13）在 750℃发生增加了 $CaFe_2O_4$。在 825℃时，CaO 因反应（6-14）而增加。在 868℃时，反应（6-15）和（6-16）使体系中出现 $Ca_2Fe_2O_5$，$CaSO_4$ 的脱硫反应温度降低。

在不同温度发生与硫酸钙的相关反应为：

$$650℃：CaCO_3 \longrightarrow CaO + CO_2 \tag{6-11}$$

$$CaO + Fe_2O_3 \longrightarrow CaO \cdot Fe_2O_3 \tag{6-12}$$

$$750℃：CaSO_4 + Fe_2O_3 \longrightarrow CaO \cdot Fe_2O_3 + SO_2 + 1/2O_2 \tag{6-13}$$

$$825℃：CaSO_4 + C \longrightarrow 2CaO + SO_2 + CO_2 \tag{6-14}$$

$$868℃：CaSO_4 + CaO \cdot Fe_2O_3 \longrightarrow 2CaO \cdot Fe_2O_3 + SO_2 + 1/2O_2 \tag{6-15}$$

$$CaO + CaO \cdot Fe_2O_3 \longrightarrow 2CaO \cdot Fe_2O_3 \tag{6-16}$$

924℃：$CaSO_4$ 分解完全。

与惰性环境相比，添加碳的还原环境下，$CaSO_4$ 的分解温度进一步降低，有利于污泥的脱硫。

逐次进行配碳量为 0～2.0%（步长 0.1%；0 为惰性环境）的热力学计算，并将各配碳量下硫酸钙分解率从 0～100%范围的温度区间绘制成图，结果如图 6-8 所示[11,12]。

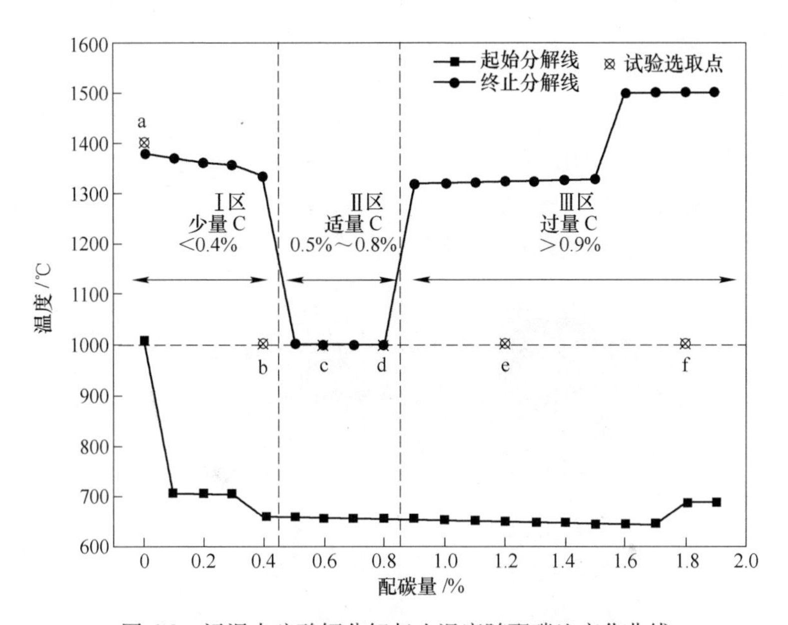

图 6-8 污泥中硫酸钙分解起止温度随配碳比变化曲线

从图 6-8 可以看出，硫酸钙分解温度区间随配碳量不同而变化。观察污泥中硫酸钙在各个配碳量下的分解终止温度得出：配碳量在 0.5%～0.8%之间，最终分解温度为 1000℃左右。配碳量高于 0.8%或低于 0.5%时，分解终止温度接近 1400℃或在 1400℃以上。随着配碳量的增加，硫酸钙分解起始与终止温度区间也在随之变化，惰性环境下其分解终止温度为 1400℃，在配碳比为 0.5%～0.8%的还原环境下其分解终止温度低于 1000℃。以上研究表明，还原预处理是酸洗污泥脱硫的有效方法。

6.2.2 实验方法

为了验证热力学计算，选取 1400℃惰性环境焙烧与 1000℃还原环境配碳焙烧，对比分析其中 S 含量变化。选取实验点见图 6-8 的 a～f 点。焙烧实验所用装置为高温气氛数显箱式炉。每组取 120℃下烘干后的污泥（粒度−74μm）30g 置于坩埚内，依次编号 a～f。其中，编号 b～f 坩埚依次配入质量比例为 0.4%、0.6%、0.8%、1.2%、1.8%的石墨粉并充分混匀，编号 a 坩埚为纯污泥。将编号 a~f 坩埚置于箱式炉中，设定炉体升温速率 10℃/min，0.1MPa（1atm），保护气体 Ar 流量 5L/min，其中编号 b～f 组目标温度 1000℃，编号 a 组目标温度 1400℃。将 a~f 组升温至目标温度并保温 1h，保温后以 50℃/min 速率降至室温并取出。

6.2.3　实验结果及分析

6.2.3.1　酸洗污泥焙烧前后宏观形貌

图 6-9 为还原环境下焙烧前后酸洗污泥对比图。从图中看出，配有石墨的酸洗污泥从初始黄色蓬松细微颗粒经过一定条件焙烧后形成致密黑色坚硬固体，粉碎后为黑色粉末状微粒。同时观察到坩埚壁纯净洁白，说明酸洗污泥在升温过程中无挥发也未与坩埚进行反应而干扰实验。

图 6-9　还原环境焙烧前后表观对比图

图 6-10 为惰性环境下酸洗污泥焙烧前后对比图。从图中可以看出，纯酸洗污泥从初始黄色蓬松细微颗粒经过一定条件焙烧后同配碳情形相似，形成了致密黑色坚硬固体，粉碎后为黑色粉末状微粒。但是坩埚壁上附着大量蓝色物质，说明在焙烧过程有物质挥发。从坩埚壁上取蓝色物质样研磨成 300 目粒度进行 XRD 分析，结果显示蓝色物质为 CaF_2，即纯酸洗污泥在焙烧升温过程有氟化钙黏附于坩埚壁。

6.2.3.2　酸洗污泥焙烧脱硫率

表 6-4 为样品焙烧前后硫含量变化，在 1400℃惰性环境焙烧情况下，脱硫率

图 6-10　惰性环境焙烧前后表观

为 78.74%；在 1000℃还原环境焙烧情况下，脱硫率依据不同配碳比而不同，在配碳量为 0.8%时达到峰值，脱硫率为 91.62%，在 0.8%左右两侧，脱硫率逐渐减小。同时，在相同脱硫率情况下，还原环境焙烧脱硫所需温度比惰性环境焙烧脱硫所需温度低，与热力学计算相吻合。

表 6-4　实验样品硫含量变化

焙烧温度/℃	1400	1000				
编号	a	b	c	d	e	f
配碳量/%	0	0.4	0.6	0.8	1.2	1.8
焙烧前硫含量/g	0.78	0.78	0.78	0.78	0.78	0.78
焙烧后硫含量/g	0.166	0.528	0.291	0.065	0.135	0.225
脱硫率/%	78.74	32.32	62.72	91.62	82.74	71.12

6.2.3.3　酸洗污泥焙烧前后物相组成

图 6-11 为酸洗污泥焙烧前与焙烧后的 XRD 图谱。对比 1000℃下配碳比 0.4%、0.8%、1.2%三个试样，可以发现在配碳比 0.4%下存在 $CaSO_4$，说明该

条件下配碳量不足，$CaSO_4$ 并未分解完全；在 1.2%下存在 FeS，没有 $CaSO_4$ 相，说明配碳过多产生过量 FeS；在 0.8%下既没有 $CaSO_4$ 也没有 FeS，说明配碳量适中，恰好同时消耗完全。综合表 6-4 的分析结果，在碳含量 0.8%配比时，硫含量最低，与热力学计算值吻合。1400℃下无配碳惰性环境焙烧，未发现 $CaSO_4$，同时经元素分析检测其 S 元素含量较低，与热力学计算相吻合。

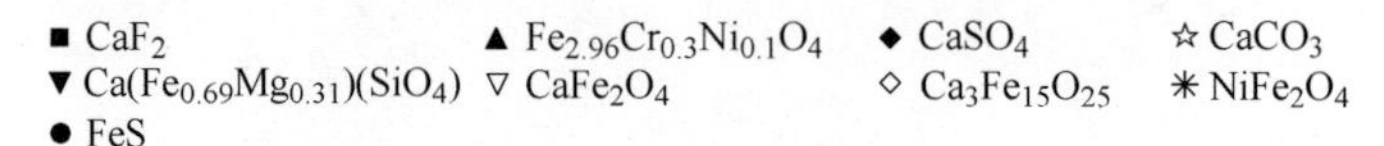

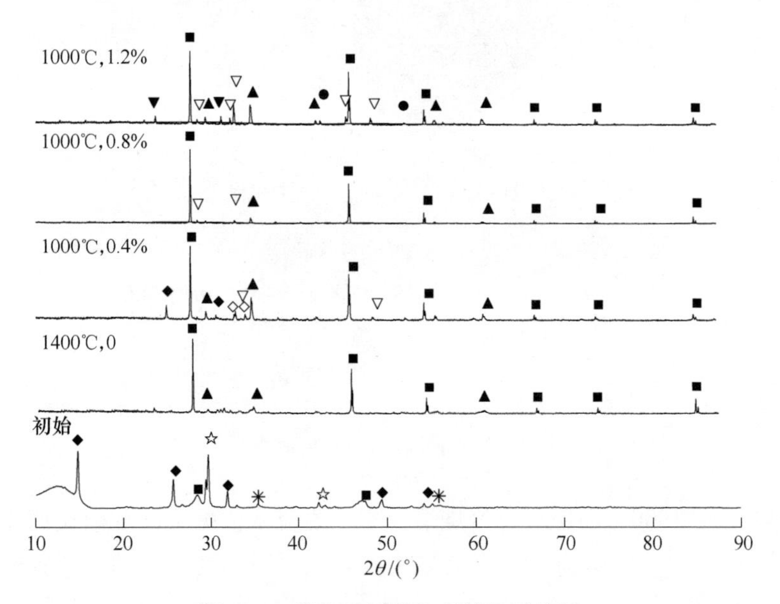

图 6-11 焙烧后污泥 X 射线衍射分析

6.2.3.4 酸洗污泥焙烧前后微观结构

污泥 1000℃配碳 0.8%焙烧和 1400℃惰性焙烧后的微观结构，放大 2000 倍，结果如图 6-13 和图 6-14 所示（图 6-12 为焙烧前试样 SEM 图谱），同时利用 Oxford EDS 分析 SEM 图中特征区域的元素及物相组成[11,12]。

由图 6-12 看出，酸洗污泥原样分布着团簇絮状颗粒区域和板条状区域。EDS 检测团簇絮状区域 Fe、Cr、Ni、Ca、Al、F 等元素相互掺杂（见图 6-12 中的图(1)），板条状区域 O、F、S、Ca 含量很高，结合 XRD 推知其应为 $CaSO_4$、CaF_2。经过焙烧后，团簇絮状及长条状被弥散分布的大颗粒物质取代。大颗粒具有不规则形状，主要由 Al、Ca、Fe、Cr、Ni 等混杂组成，含量不一（见图 6-13 中的图（3）、图 6-14 中的图（5）），试样中还存在部分光滑平面状颗粒，主要由 Ca、F 组成（见图 6-13 中的图（4）、图 6-14 中的图（6）），为 CaF_2。焙烧后样检测不到 S 存在，充分说明焙烧后的污泥 S 含量已经很低，达到了预处理脱硫目的。

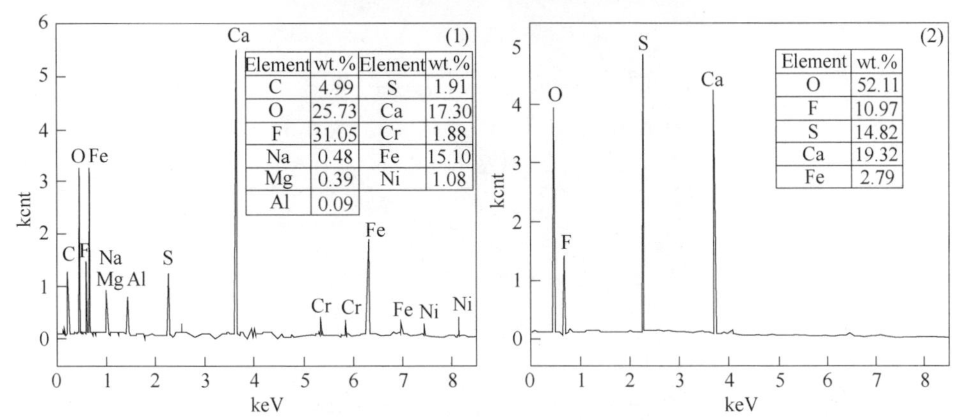

图 6-12　酸洗污泥原始样 SEM 及 EDS 图谱

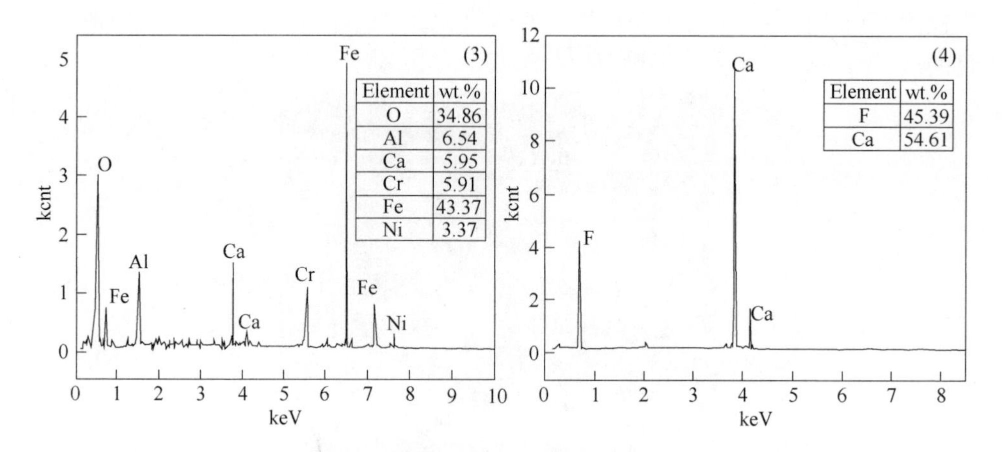

图 6-13　配碳 0.8%酸洗污泥 1000℃焙烧后 SEM 及 EDS 图谱

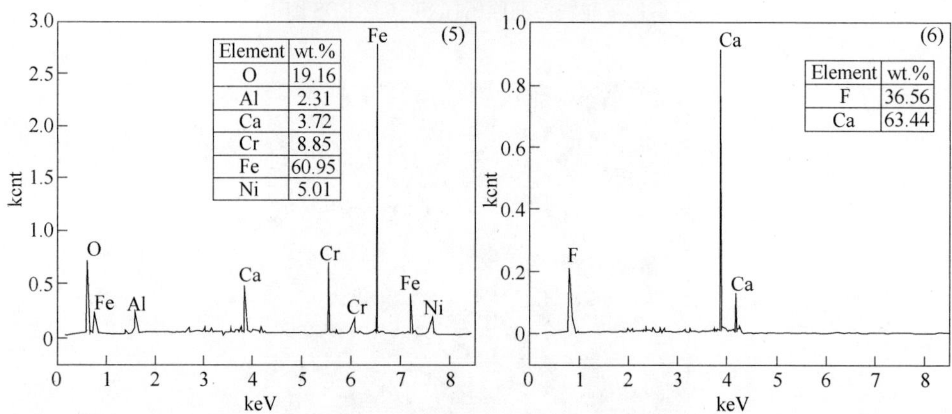

图 6-14　纯酸洗污泥 1400℃焙烧后 SEM 及 EDS 图谱

6.3 酸洗污泥预处理脱硫动力学

本节在对不锈钢酸洗污泥进行不同升温速率的差热-热重试验，分析酸洗污泥热分解机理及其动力学特性。

6.3.1 实验方法

实验原料同6.1节所述。通过前期设置配碳比分别为0~2.0%（步长为0.1%，0为惰性环境），对比试验结果发现，在配碳还原环境脱硫温度低且效果好，最佳配碳比为0.8%（碳与污泥质量比），脱硫率最大，为91.62%。所以将酸洗污泥在干燥箱中120℃干燥4h，按照配碳比为0.8%充分混合，研磨成-200目（74μm）的试样，使其粒径一致。取10mg研磨样品放入刚玉坩埚中，分别以10℃/min、15℃/min、20℃/min升温速率从25℃升温至1100℃。高纯氮气作为保护气体和吹扫气体，流量为50mL/min。热分析仪自动记录数据，得到质量变化曲线、质量变化速率曲线及热量随温度变化曲线。

6.3.2 实验结果与分析

图6-15和图6-16所示分别为酸洗污泥还原预处理TG及DTG曲线。随着升温速率的提高，酸洗污泥的热失重依次滞后。由图6-16可知酸洗污泥还原预处理分为两个失重阶段，分别为600~700℃和800~1000℃，随升温速率增加，各失重峰极大值出现的时间后移，样品颗粒达到热解所需温度的响应时间变短，有利于热解，热重和微分热重曲线均向高温区迁移。另外，随升温速率增加，样品颗粒内外的温差变大，产生传热滞后效应会影响内部脱硫反应的进行，使反应不彻底。

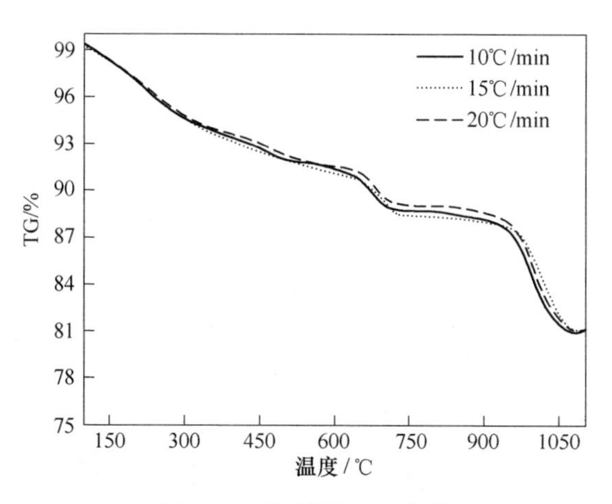

图6-15 酸洗污泥TG曲线

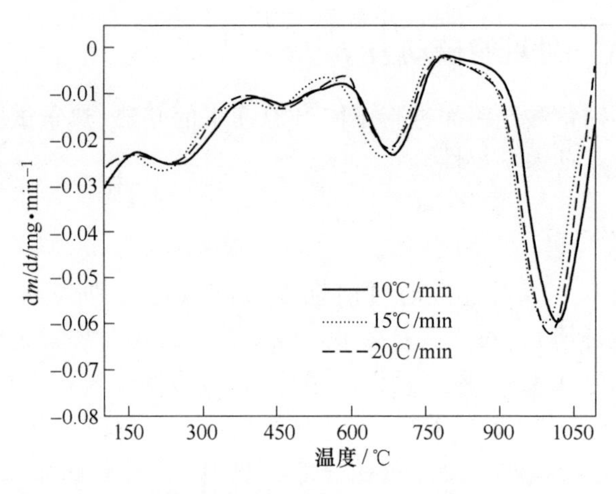

图 6-16　酸洗污泥 DTG 曲线

图 6-17 为配碳比 0.8%的酸洗污泥热重-差热-质谱分析结果。失重分为两个阶段：第一阶段 600~700℃，挥发气体为 CO_2，结合图 6-15 可知失重约为 2.2%，主要为污泥中的碳酸盐分解，反应为 $CaCO_3 \rightarrow CO_2 + CaO$；第二阶段在 800~1000℃，失重约为 1.7%，为污泥中硫酸盐反应，硫以 SO_2 形式逸出，反应为 $C+2CaSO_4 = 2CaO+CO_2\uparrow+2SO_2\uparrow$，$CaSO_4+Fe_2O_3 \rightarrow CaO \cdot Fe_2O_3+SO_2+1/2O_2$，$CaSO_4+CaO \cdot Fe_2O_3 \rightarrow 2CaO \cdot Fe_2O_3+SO_2+1/2O_2$，$C+O_2 \rightarrow CO_2$(少量)。

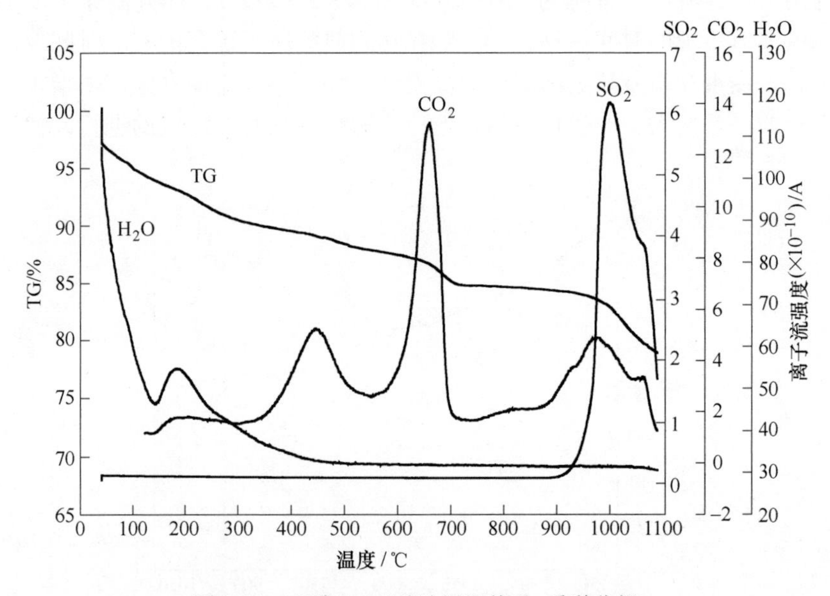

图 6-17　配碳 0.8%酸洗污泥热重-质谱分析

在 800~1000℃温度段，由图 6-17 可知，既有 SO_2 气体生成，也有 CO_2 气体生成。由图 6-18 可知，在此阶段不配碳污泥也有 CO_2 析出。因此，在配碳脱硫动力学中不需要讨论。而在配碳时气体中并无 CO 气体逸出，也就是说，在脱硫阶段并无碳还原为 CO 反应发生（图 6-19）。而对硫酸盐的还原与铁氧化物的还原在热力学来说，只要还原剂量足够，两者都可以反应，但是当还原剂量不足时，吉布斯自由能小的先还原。碳还原硫酸盐总方程式与碳还原铁的氧化物总方程式吉布斯自由能比较如下：

$$C + 2CaSO_4 \xlongequal{\quad} 2CaO + CO_2\uparrow + 2SO_2\uparrow \qquad \Delta G_{1000℃} = -90114.8J \tag{6-17}$$

$$C + 2/3Fe_2O_3 \xlongequal{\quad} 4/3Fe + CO_2\uparrow \qquad \Delta G_{1000℃} = -65766.5J \tag{6-18}$$

因为配碳量只有 0.8%，所以少量的碳先跟硫酸盐反应，而碳还未与铁的氧化物反应就已经消耗完全。所以动力学中不需要讨论铁的氧化物的还原。

综上可知，在 800～1000℃的阶段动力学方程只需要讨论硫酸盐的分解。

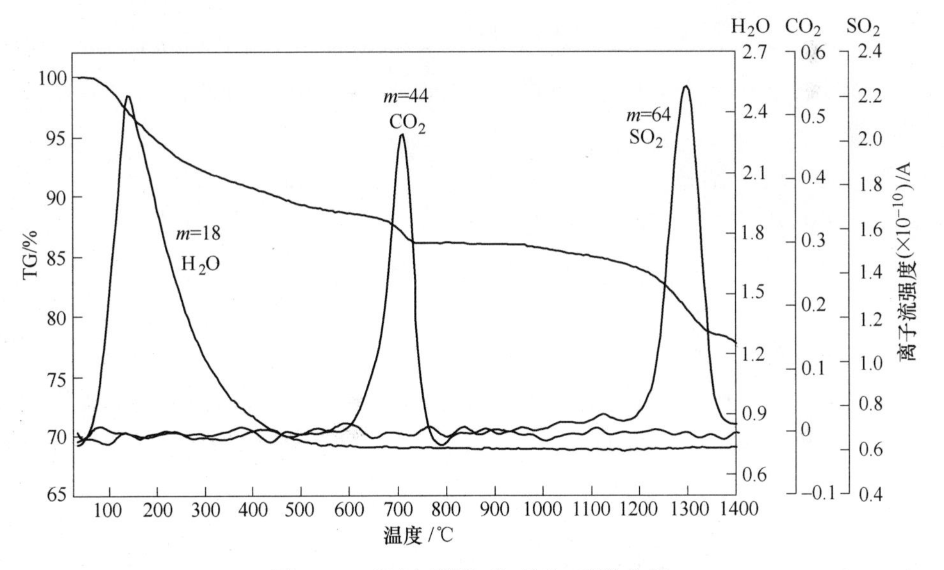

图 6-18 酸洗污泥热重-差热-质谱分析

6.3.3 脱硫动力学计算

6.3.3.1 非等温动力学模型的建立

酸洗污泥的脱硫动力学属于非等温、非均相反应动力学范畴，动力学微分式方程为：

$$\frac{d\alpha}{dT} = \frac{A}{\beta} f(\alpha) e^{\frac{-E}{RT}} \tag{6-19}$$

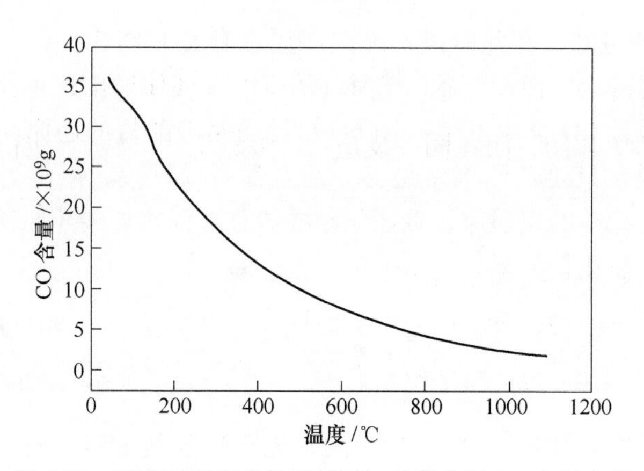

图 6-19　酸洗污泥配碳热重-差热-质谱分析 CO 含量变化

6.3.3.2　酸洗污泥脱硫活化能 E 值求取

采用积分法中的 FWO 法及迭代法、Vyazokin 法分别对非等温动力学数据求取活化能 E 值。

A　FWO 法及迭代法求 E 值

采用 FWO 法[13-15]得到基本公式为：

$$\ln\beta = \ln\left[\frac{0.0048AE_\alpha}{G(\alpha)R}\right] - 1.0516\frac{E_\alpha}{RT} \tag{6-20}$$

在同一反应中，A、E、G 为定值，将实验数据 α 及 T 代入式（6-20），以不同速率 β 作 $\ln\beta$-$1/T$ 图，得出的斜率即为 $-1.0516E_\alpha/R$，从而求出各个转化率 α 下的活化能 E_α，最后取均值即为 FWO 法下活化能 E_1 值。酸洗污泥脱硫区域 TG 及 DTG 曲线，分别如图 6-20 和图 6-21 所示，对数据进行线性拟合，拟合曲线见图 6-22。

FWO 法计算出的活化能 E 值均值为 488.662kJ/mol，数据有一定的浮动。这是因为 FWO 法没有考虑到 $H(x)$ 与 $h(x)$ 是随 x 变化而变化，导致误差增大。而 FWO 迭代法[16,17]利用数学方式对 FWO 法中的活化能加以修正从而提高精度。FWO 法以 $\ln\beta/H(x)$ 对 $1/T$ 作图，以 $H(x_1)=1$ 作为初始值计算出 E_α（即为 FWO 法中 E 值），再用 $E_{\alpha1}$ 计算出 $H(x_2)$，如此反复迭代，直至 $|E_{\alpha n}-E_{\alpha n-1}|<0.01$ 即可。结果显示迭代到第三次时即满足结果，因此 $E_{\alpha3}$ 即为 FWO 迭代法求得活化能值 E_2。其平均活化能为 493.01kJ/mol。

B　Vyazovkin 法求 E 值

Vyazovkin[18]法的优点为可以以较高精度活化能 E 值而应用于简单和复杂的反应中。其基本公式为：

$$\ln\frac{\beta}{T^2}=\ln\left[\frac{RA}{E_\alpha G(\alpha)}\right]-\frac{E_\alpha}{RT_\alpha} \tag{6-21}$$

以 $\ln\beta/T^2$-$1/T$ 作图，因在同一反应中，A_0、E_α、$G(\alpha)$ 为定值，则曲线斜率即为 E_α/R，即可求取出 Vyazovkin 法下的活化能 E_3 值[19]。拟合曲线如图 6-23 所示。

Vyazovkin 法求取活化能平均值为 492.80kJ/mol，发现与 FWO 迭代法 493.01kJ/mol 数据极其相近。

取 FWO 迭代法与 Vyazovkin 法加和平均值作为 E，由此所得 E = 492.91kJ/mol。

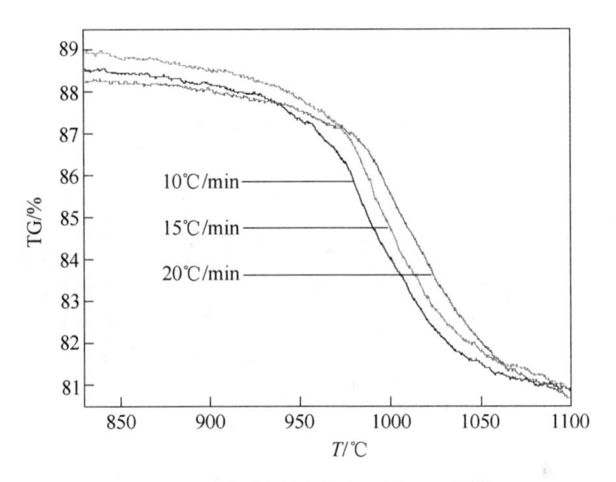

图 6-20　酸洗污泥脱硫区域 TG 曲线

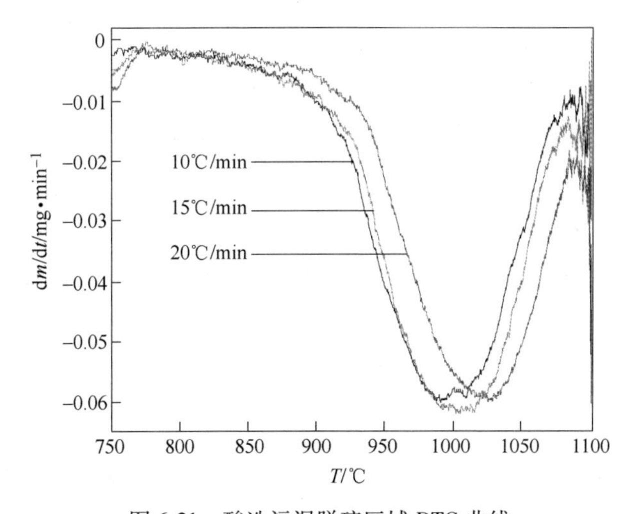

图 6-21　酸洗污泥脱硫区域 DTG 曲线

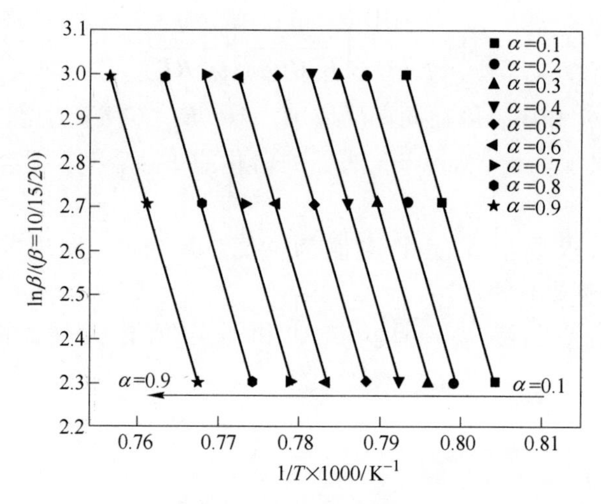

图 6-22　FWO 法拟合曲线

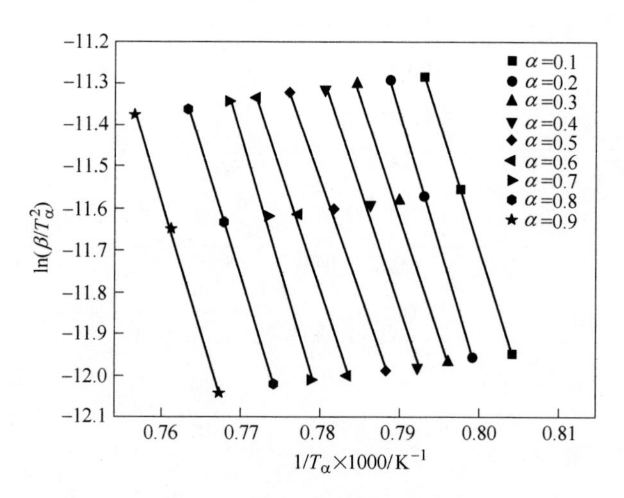

图 6-23　Vyazovkin 法拟合曲线

6.3.3.3　Satava-Sestak 法求最概然机理函数

Satava-Sestak[20,21]分析动力学积分法，因其严谨的推导过程而备受关注，基本方程为：

$$\lg G(\alpha)=\frac{\lg(A_sE_s)}{R\beta}-2.135-0.4567\frac{E_s}{RT} \tag{6-22}$$

将 Satava-Sestak 方程代入 41 种机理函数[22]中，由于 β_i 固定，$\frac{\lg(A_sE_s)}{R\beta_i}$ 就是一个常数，所以方程组是一个线性方程组，可以用线性最小二乘法求解。每个固

定的 β_i 和每个机理函数 $G(\alpha)$ 利用上述方法都可以得出相对应的 E_s 和 A_s 值。利用计算出的 E_s 值分别与前述 FWO 迭代法及 Vyazovkin 法计算出的 $\overline{E}$ 值进行对比，找出满足条件 $\left|\dfrac{\overline{E}-E_s}{\overline{E}}\right| \leqslant 0.1$ 的 E_s，同时计算相关系数最大同时均方误差最小的一个函数，则此函数即为所求机理函数。由于样品受热过程是非等温过程，样品与热场之间始终处于一种非平衡态，加热速率越小，偏离就越小，因此选择 β=3℃/min 时 Satava-Sestak 积分法所得动力学参数作为结果。选取 41 种机理函数对其进行拟合，拟合曲线如图 6-24 所示。

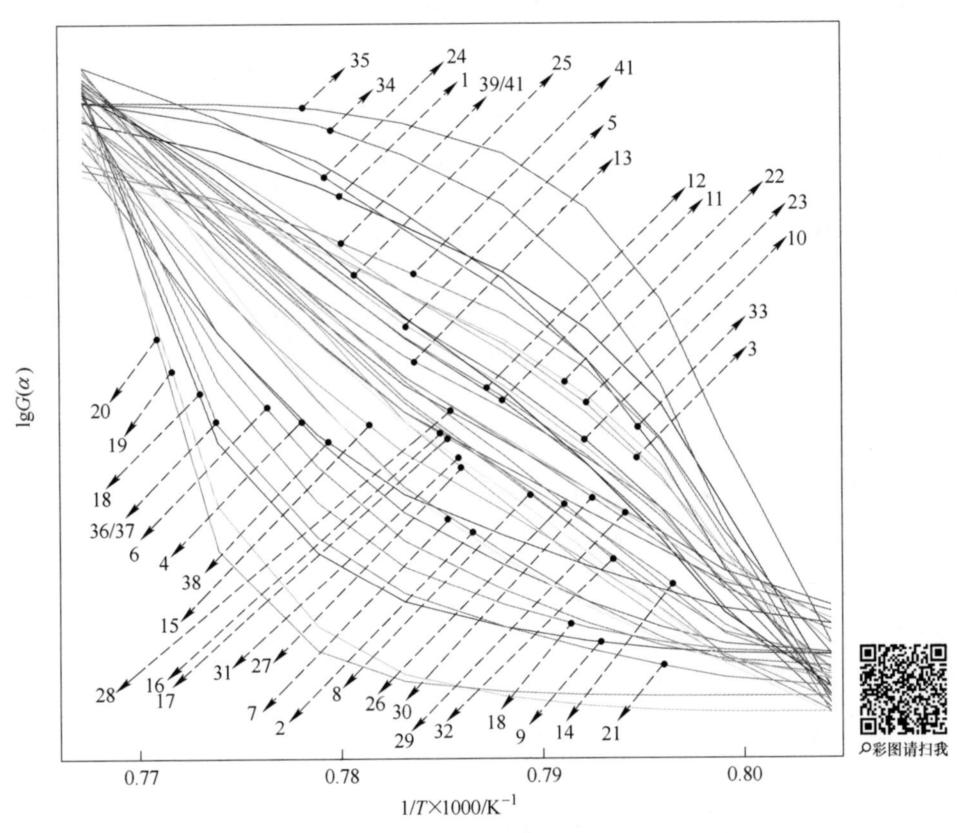

图 6-24　41 种机理函数拟合曲线

对所选的 41 种机理函数拟合后选择拟合 r 值最大者为最佳。从图中来看，最接近直线的线条所代表函数号则为拟合最佳函数号。注意图中纵坐标因 41 种函数得出纵坐标单位各不相同，且仅找出拟合近乎直线即可，因此未标出纵坐标单位。

经过比较得知 12 号函数为 Avrami-Erofeev，机理为随机成核和随后生长 n=

2/5，积分形式为 $[-\ln(1-\alpha)]^{\frac{2}{5}}$，微分形式为 $\frac{5}{2}(1-\alpha)[-\ln(1-\alpha)]^{\frac{3}{5}}$。拟合相关度最高，相关系数 0.99874，残差平方和 RSS = 0.0033，活化能为 E_s = 477.6499kJ/mol，且依据判别式 $|\overline{E}-E_s|/\overline{E}<0.1$ 计算出 $|\overline{E}-E_s|/\overline{E}=0.031<0.1$，说明数据可信，函数机理相符。

将所有方法计算所得活化能 E 值绘制成图 6-25。

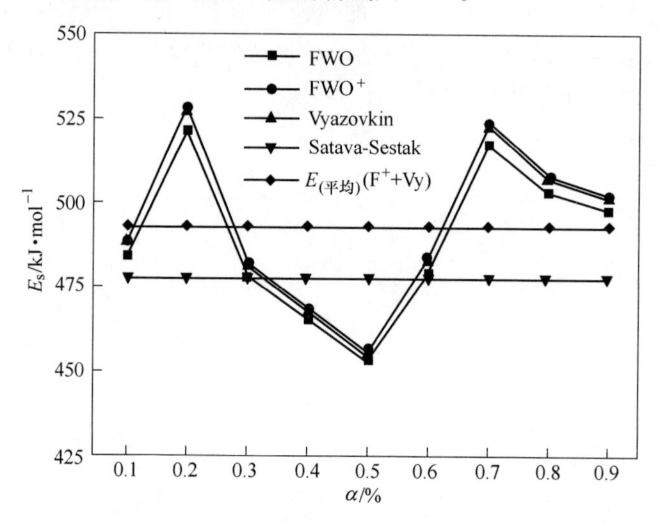

图 6-25　不同动力学方法活化能对比

由图 6-25 可以看出，FWO 迭代法与 Vyazovkin 法求得活化能值基本重合。用 Satava-Sestak 法得到的热分解机理为随机成核和随后生长，其积分方程 $[-\ln(1-\alpha)]^{\frac{2}{5}}$，计算出活化能为 477.6499kJ/mol，$E$ 值相对较高，反应对温度较敏感，需要外界提供较高的温度才能使反应发生，指前因子为 3.6293E+19s^{-1}，相关系数为 0.9975，残差 0.0033，因此相应的动力学方程为：

$$\frac{d\alpha}{dT}=3.6293\times10^{19}\times\frac{5}{2}(1-\alpha)[-\ln(1-\alpha)]^{\frac{3}{5}}\exp\left(\frac{477.6499}{RT}\right)$$

6.4　酸洗污泥与高炉除尘灰共热脱硫

高炉除尘灰作为钢铁企业固废之一，铁、碳含量较高，还含有一定的有色金属，具有较好的综合利用价值。基于将酸洗污泥脱硫处理后用于炼钢辅料的技术思路，将高炉除尘灰作为酸洗污泥的脱硫剂，以实现两种固废的协同治理。理论分析了酸洗污泥配碳还原的热力学条件，通过热质联用测试、焙烧还原等研究了酸洗污泥与高炉除尘灰共热脱硫规律，以及高炉除尘灰组成对酸洗污泥含硫物质转化的影响机制。

6.4.1 原辅材料

研究所用酸洗污泥成分见表6-5。高炉除尘灰取自国内某钢铁厂，高炉布袋除尘灰外观为黑色粉末且有一些细小颗粒，高炉重力除尘灰外观为灰黑色，颗粒比较大，成分见表6-6。

表6-5 酸洗污泥成分组成 （wt.%）

成分	Fe_2O_3	Cr_2O_3	NiO	CaF_2	$CaSO_4$	SiO_2	Al_2O_3	CaO	$CaCO_3$
高硫污泥	21.45	2.38	0.58	25.25	35.7	1.51	0.47	1.30	8.75
低硫污泥	27.00	3.93	1.37	15.56	13.98	1.54	0.58	12.81	10.67

表6-6 高炉除尘灰成分组成 （wt.%）

成分	Fe_2O_3	Al_2O_3	MgO	CaF_2	ZnO	SiO_2	CaO
布袋除尘灰	53.29	6.54	1.90	1.27	4.60	7.61	5.64
重力除尘灰	45.73	3.10	0.67	1.35	7.69	5.55	3.67

所用辅料Fe_2O_3纯度99.9%、K_2CO_3纯度99.9%、SiO_2分析纯、Na_2CO_3分析纯、C纯度99.8%、$CaSO_4$分析纯、Al_2O_3纯度99%。

6.4.2 实验方案

6.4.2.1 热分析

A 原料的TG-MS分析

将高硫不锈钢酸洗污泥（表6-5）、高炉布袋除尘灰（表6-6）、低硫不锈钢酸洗污泥（表6-5）、高炉重力除尘灰（表6-6）在恒温干燥箱中120℃干燥4h，称取10mg放入尺寸为ϕ5mm×8mm刚玉坩埚中，利用TG-MS联用仪对其进行热分析，实验过程中采用Ar气为保护气体，载气流速为50mL/min，升温条件：（1）以5℃/min的升温速率从室温升温到50℃，保温10min；（2）50～150℃升温速率为5℃/min；（3）150～1400℃升温速率为15℃/min。

B 混合料的TG-MS分析

将高硫不锈钢酸洗污泥和高炉布袋除尘灰，低硫不锈钢酸洗污泥与高炉重力除尘灰，分别破碎、筛分至200目，在恒温箱于120℃干燥4h后，按照质量比为0：10、1：9、2：8、3：7、4：6、5：5、6：4、7：3、8：2、9：1、10：0配料、混匀并称取10m进行热质联用分析。实验条件同原料的TG-MS分析。

6.4.2.2 焙烧实验

选取高硫不锈钢酸洗污泥与高炉布袋除尘灰质量比为8：2、6：4的混合物以及高硫不锈钢酸洗污泥、高炉布袋除尘灰共计四组，每组各称取 12g 置于 ϕ15mm×20mm 刚玉坩埚中在真空箱式感应炉中进行焙烧实验。设定炉体的升温速率 5℃/min，0.1MPa(1atm)，保护性气体为 Ar，流量为 3L/min，温度从室温升至 1200℃然后保温 3.5h，在持续通气随炉冷却至室温。焙烧之后的残渣进行 XRD、XRF 及碳含量测定。

6.4.3 实验设备

热分析采用法国 SETARAMsetsys 综合热分析仪，最高温度为 1750℃，精度为 0.1℃，加热速率为 0.01~50℃/min。

焙烧过程采用真空箱式炉，最高温度为 1600℃，控温精度为±1℃，最高升温速率为 20℃/min，加热元件为硅钼棒。

试样物相分析采用德国 bruker-D8 X 射线衍射仪，靶材为 Cu，检测角度范围 5°~90°，最大扫描速度为 12°/min。

成分分析采用荷兰 PANalytical Axios max XRF 分析仪，测量元素范围为 O 到 U。

碳硫分析采用 CS-900 高频红外碳硫分析仪，精度为 0.1ppm。

质谱分析采用德国 THERMOthermostar 质谱仪，质量数范围 1~300amu，检测的最大限度 1ppm。

称量仪器采用 ME104 电子天平，称量范围 10mg~120g。

6.4.4 研究结果

6.4.4.1 高硫污泥与布袋除尘灰 TG-MS 分析

高硫不锈钢酸洗污泥和高炉布袋除尘灰 TG-MS 曲线分别如图 6-26 和图 6-27 所示[23]。

从图 6-26 可以看出污泥失重量为 26.49%，过程中有 H_2O、CO、CO_2、SO_2 的产生，在 200~700℃，失重约 3.7%，为结晶水的脱除；在 700~1000℃，失重约为 2.565%，有 CO 产生，原因是污泥中还有少量的 C 不完全燃烧或碳还原金属氧化物所致；在 1000~1400℃，失重约为 17.9%，有 CO_2、SO_2 气体的产生，原因是其中的金属氧化物与产生的 CO 发生还原反应，并且有碳酸盐及硫酸盐的分解。

由图 6-27 可知布袋除尘灰失重量超过 30%，有物质的脱水、脱气、分解、相变，在 200~500℃，失重较少，为结晶水的脱除；在 500~1400℃，失重超过了 30%，主要为碳酸盐的分解、金属氧化物的还原、碳的气化和碳的不完全燃烧，生成 CO_2、CO。

高硫不锈钢酸洗污泥与高炉布袋除尘灰以不同比例混配后的 TG-DTG 曲线如

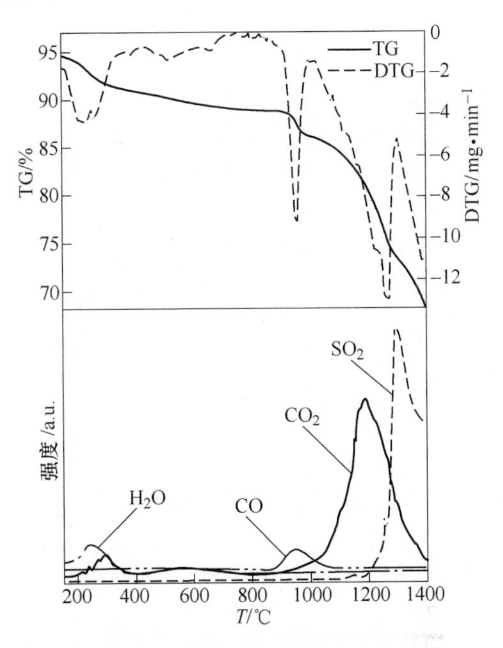

图 6-26 高硫酸洗污泥的 TG-MS 分析

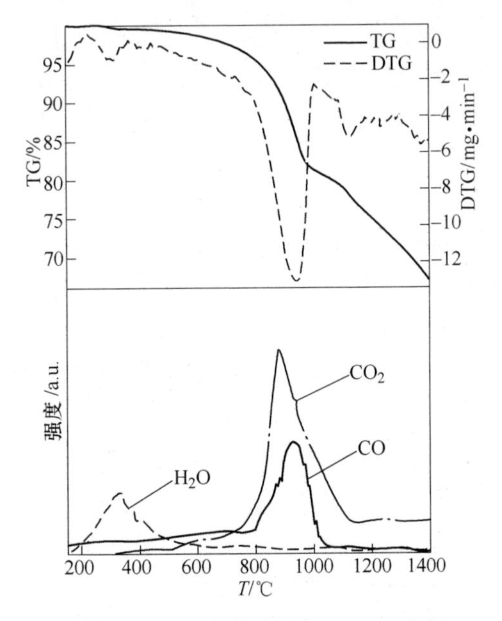

图 6-27 高炉布袋除尘灰 TG-MS 分析

图 6-28 所示，高硫不锈钢酸洗污泥和高炉布袋除尘灰比例为 6∶4、7∶3、8∶2 时，升温过程失重量较大，分别为 35.5%、37.0%、39.0%，明显失重的温度较低，为 700℃左右，到 1100℃左右失重变缓。

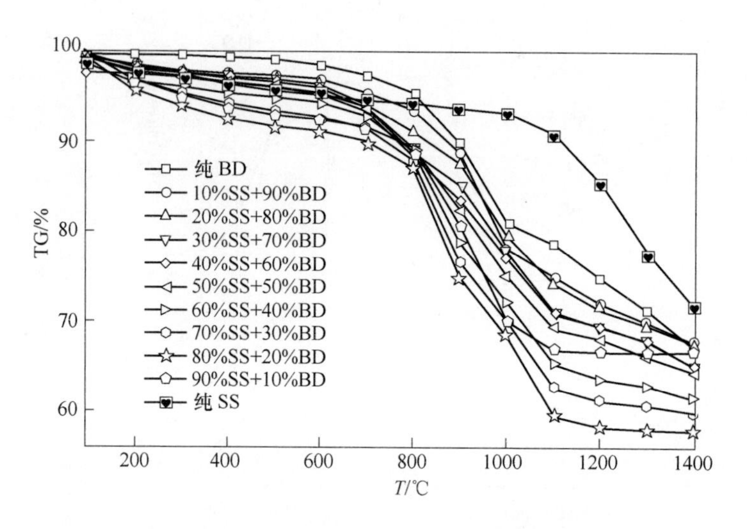

图 6-28　高硫不锈钢酸洗污泥配加不同比例的布袋除尘灰的热重分析

对配比为 6∶4、7∶3、8∶2 的样品进行热质联用分析，结果如图 6-29 所示[23]。失重总体均可分为三个阶段，比例不同，三个阶段的起始温度不同：第一阶段在 150~500℃，主要为结合水的脱除（未标质谱）；第二阶段在 500~900℃，过程有 CO_2 和 SO_2 的产生，为碳酸盐的分解、金属氧化物的还原、硫酸盐的还原等；第三阶段在 900~1400℃，过程有 CO_2、SO_2 以及 CO 产生，为部分碳的气化反应、硫酸盐的还原及分解，以及碳的不完全燃烧。

利用质谱分析仪对不同配比不锈钢酸洗污泥中硫的化合物被还原产生 SO_2 的情况进行分析，其质谱曲线如图 6-30 所示。不锈钢酸洗污泥释放出 SO_2 的开始温度最高，在 1000℃以上，到 1300℃达到最大。随着酸洗污泥与除尘灰的比例从 2∶8、4∶6、6∶4 变化到 8∶2，释放出 SO_2 的起始温度从 700℃左右逐渐增大到 800℃左右，释放出 SO_2 强度逐渐增大，说明 SO_2 脱除效果逐渐增强，比例为 8∶2 时 SO_2 的脱除效果最好。说明高硫酸洗污泥配加一定量的高炉布袋除尘灰可以达到脱硫的目的。

6.4.4.2　低硫污泥与重力除尘灰 TG-MS 分析

低硫酸洗污泥 TG-MS 图谱如图 6-31 所示。污泥在升温到 1400℃的过程中失重量为 17.98%，过程有碳酸盐的分解、自由水的脱除及硫酸盐的分解等。整个过程分为三个阶段：第一阶段 150~400℃，失重量为 4.41%，为自由水的脱除；第二阶段 400~800℃，失重量为 4.94%，为碳酸盐的分解，产生 CO_2 气体；第三阶段 800~1400℃，失重量达 8.63%，有硫酸盐的分解，放出 SO_2 气体。

高炉重力除尘灰 TG-MS 图谱如图 6-32 所示。除尘灰在升温到 1400℃的过程

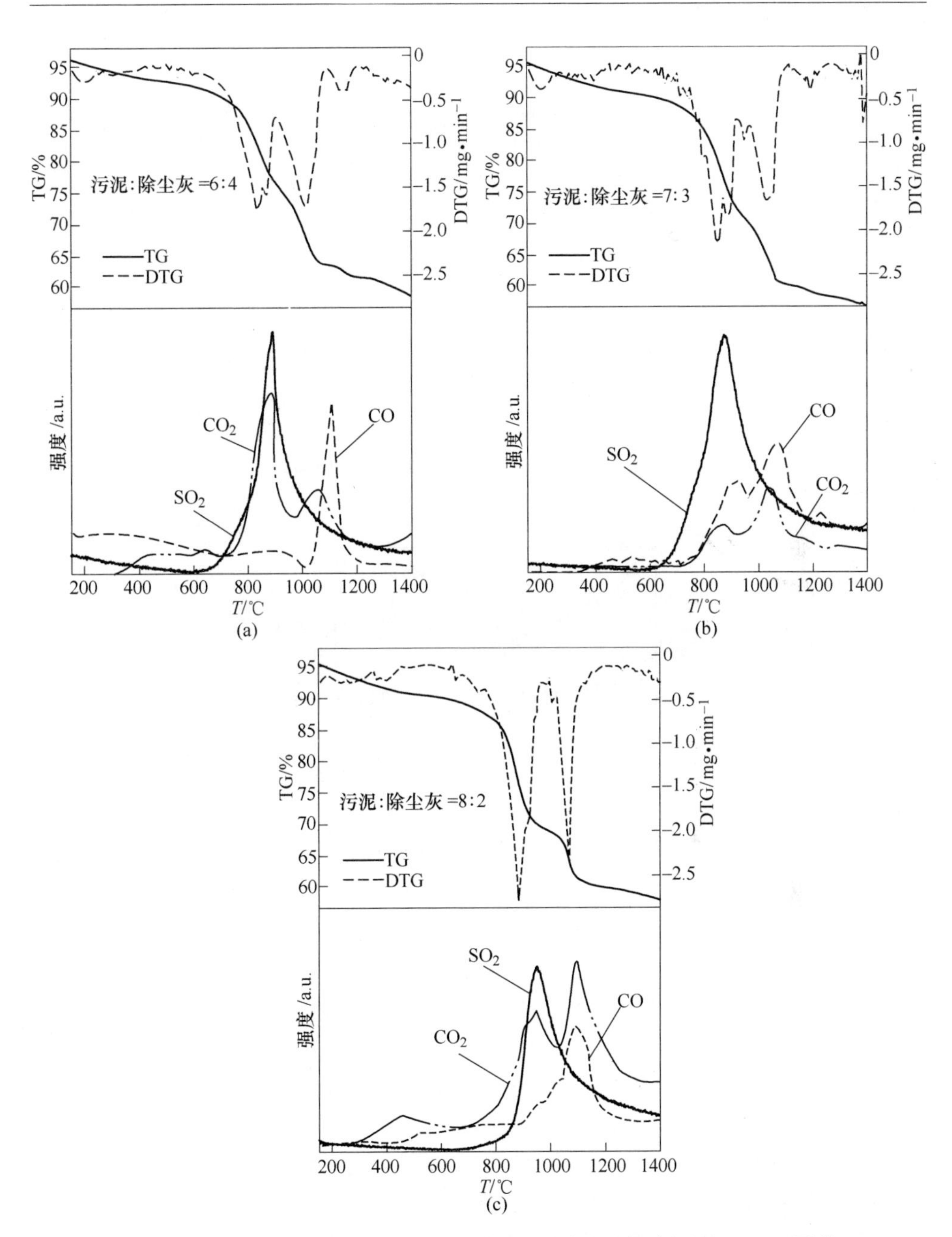

图 6-29　不锈钢高硫酸洗污泥与高炉布袋除尘灰不同比例下的 TG-MS 图谱

中总失重为 39.03%，过程涉及自由水的脱除，碳酸盐的分解，金属氧化物的还原以及 SO_2 的形成等。整个过程分为三个阶段：第一阶段 150~400℃，失重量达 2.33%，为自由水的脱除；第二阶段 400~900℃，失重量为 13.83%，产生 SO_2

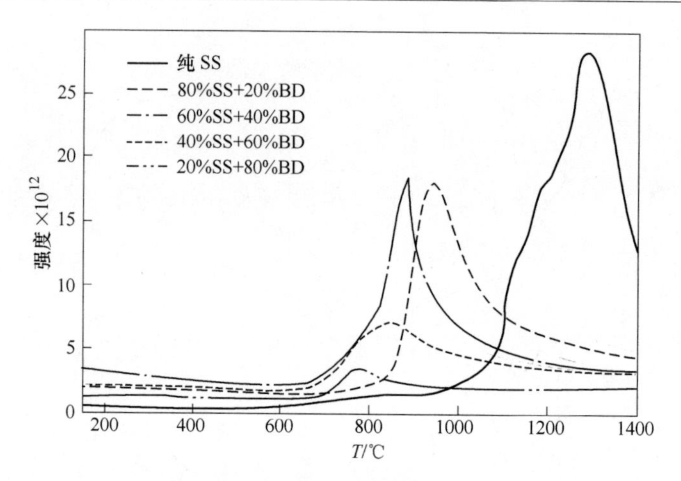

图 6-30　高硫酸洗污泥配高炉布袋除尘灰的 SO_2 质谱

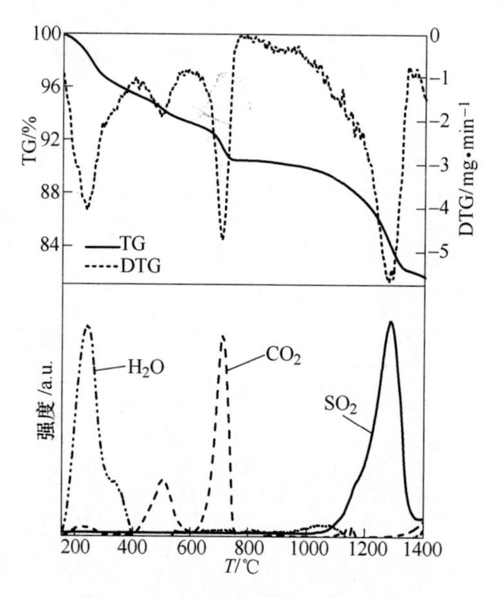

图 6-31　低硫酸洗污泥 TG-MS 分析

气体；第三阶段 900～1400℃，失重量达 22.88%，有碳酸盐的分解和金属氧化物的分解以及碳的燃烧反应同时进行，放出 CO_2 气体。

低硫酸洗污泥与高炉重力除尘灰不同比例的 TG-DTG 曲线如图 6-33 所示。不同比例下的低硫酸洗污泥与高炉重力除尘灰在同样热制度下，同样保护气氛（Ar）的条件下，酸洗污泥的失重量最小，为 17.98%；高炉重力除尘灰的失重量最大，为 39.03%。当低硫酸洗污泥与高炉重力除尘灰配到一块的时候，随高炉重力除尘灰比例的增加，失重量增大，当低硫酸洗污泥与高炉重力除尘灰的比

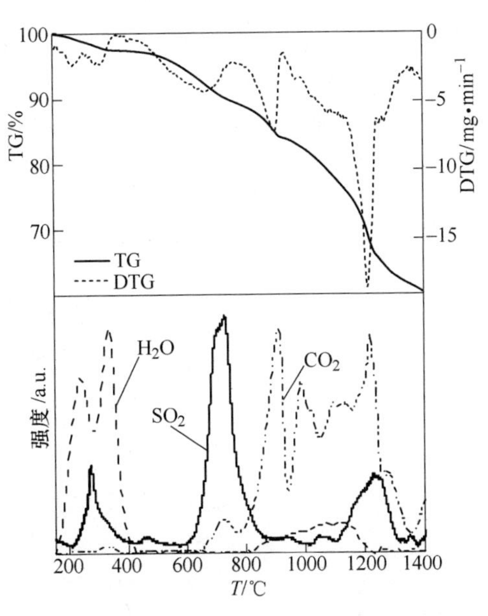

图 6-32 高炉重力除尘灰 TG-MS 分析

例为 2∶8 时，失重量最大为 36.66%；比例为 8∶2 时失重量最小，为 30.8%。并且随着重力除尘灰配入比例的增加，开始失重温度在逐渐减少，当比例为 8∶2 时开始失重温度最小，比例为 2∶8 时开始失重温度最大。

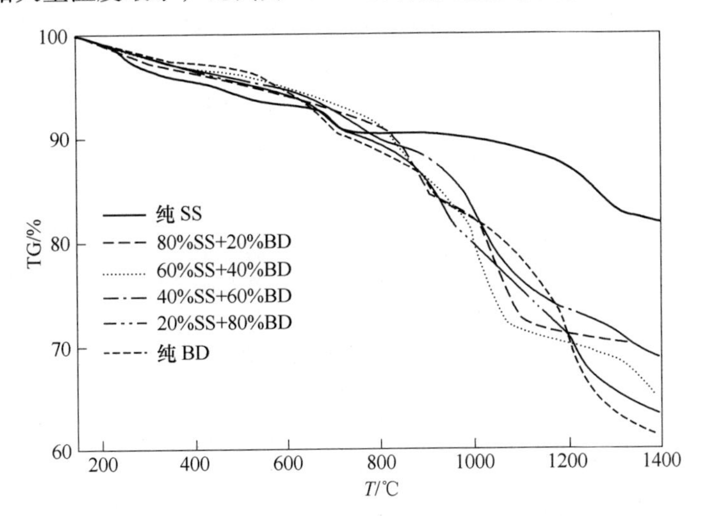

图 6-33 低硫不锈钢酸洗污泥配不同比例的高炉重力除尘灰的热重分析

对失重量较大的三组混合物（酸洗污泥与除尘灰的比例分别为 2∶8、4∶6、6∶4）进行热质联用分析，其 TG-DTG-MS 曲线如图 6-34 所示，质谱分析均有 H_2O、CO_2、CO、SO_2 气体产生。失重过程总体分为四个阶段：第一阶段 150~

400℃，为自由水的脱除；第二阶段 400~800℃，有 SO_2 气体放出，为硫酸盐的加热分解和被碳还原同时进行；第三阶段 800~1000℃，有 CO_2 气体放出，为碳酸盐分解反应和金属氧化物的还原反应；第四阶段 1000~1400℃，有 CO_2、CO 气体放出，是碳的燃烧反应、硫酸盐的还原、碳的不完全燃烧、碳的气化反应同时进行的结果。

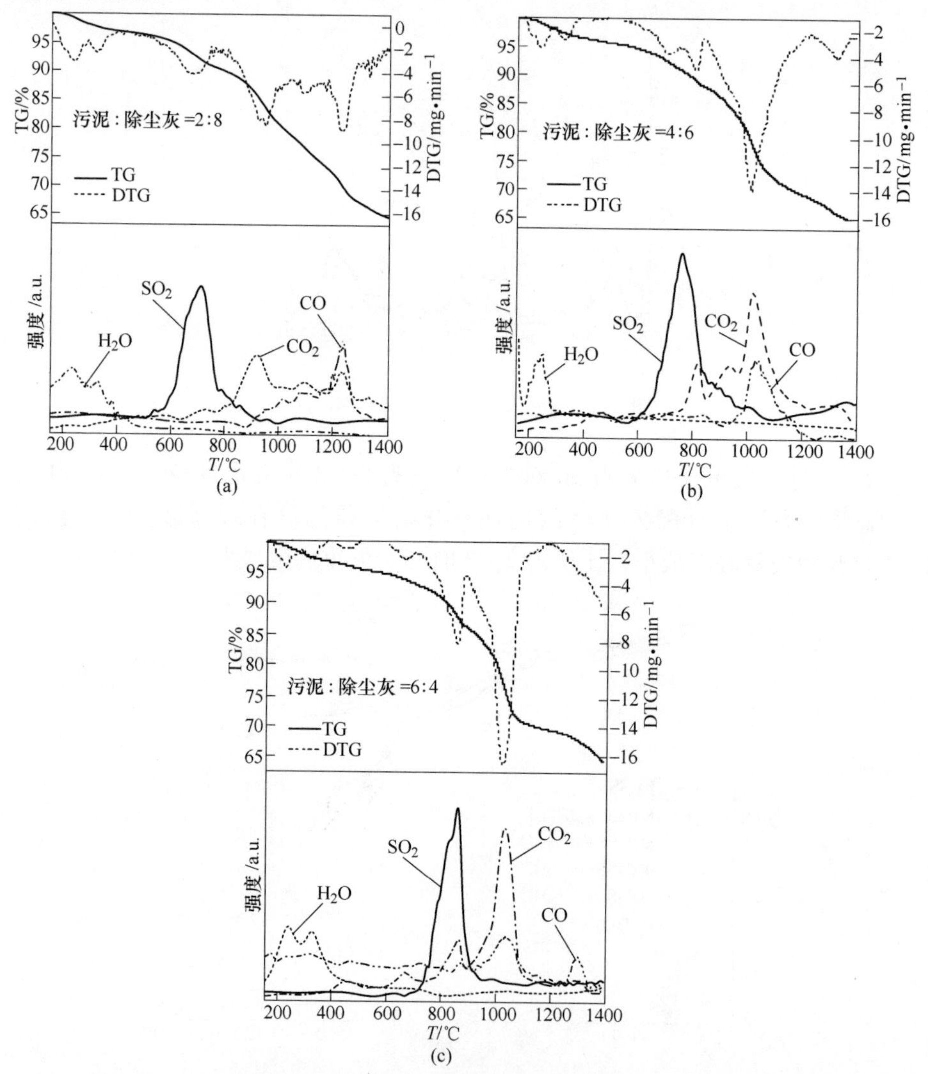

图 6-34　不锈钢低硫酸洗污泥与高炉重力除尘灰不同比例下的 TG-MS 图谱

利用质谱分析仪对不同配比不锈钢酸洗污泥中硫的化合物被还原产生 SO_2 的情况进行分析，其质谱曲线如图 6-35 所示。由图可知，配加一定比例重力除尘灰的酸洗污泥逸出 SO_2 的温度明显比纯酸洗污泥逸出 SO_2 的温度低，在 800℃左右。当酸洗污泥与除尘灰的比例为2∶8时，开始逸出SO_2的温度最低，在300℃左右，700℃时逸出SO_2的速率最大；当比例为8∶2时，在800℃左右，到1000℃左右不再逸出，900℃时逸出SO_2的速率最大。这一结果与高硫酸洗污泥与高炉布袋除尘灰热重结果基本一致，低硫酸洗污泥与高炉重力除尘灰的比例为2∶8时，脱硫效果最好。

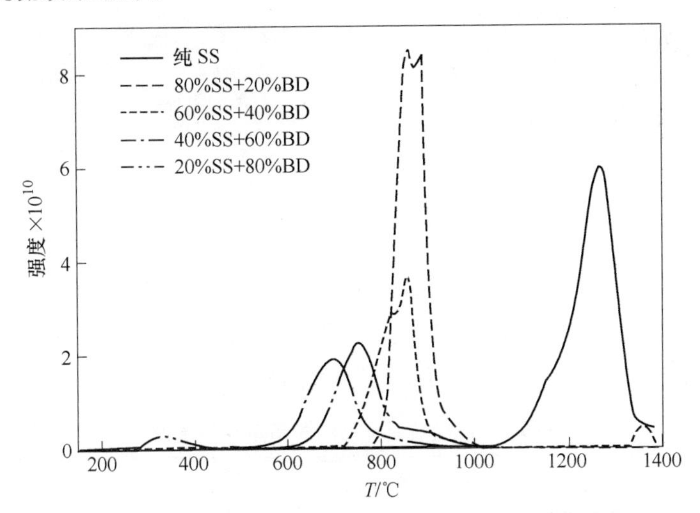

图6-35　低硫酸洗污泥配高炉重力除尘灰的SO_2质谱分析

6.4.4.3　共热产物焙烧分析

选取高硫不锈钢酸洗污泥与高炉布袋除尘灰的比例为8∶2和6∶4，每组称取12g置于上口ϕ75mm，下口ϕ31mm，高度为62mm碗形刚玉坩埚中，在真空箱式感应炉中进行焙烧实验。设定炉体的升温速率为5℃/min，保护性气体为Ar气，流量为3L/min，温度从室温升至1200℃然后保温3.5h，随炉冷却至室温。

图6-36及图6-37分别为焙烧前后样品的外观[23]。

污泥∶除尘灰=8∶2

污泥∶除尘灰=6∶4

彩图请扫我

图6-36　焙烧前样品的表观图

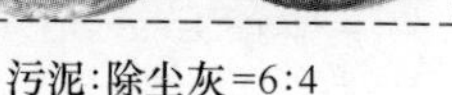

污泥:除尘灰=8:2　　污泥:除尘灰=6:4

图 6-37　焙烧后样品的表观

表 6-7 为焙烧前后样品的失重量和失重率。由表 6-7 数据可知，焙烧实验与热重实验数据吻合，当不锈钢酸洗污泥和除尘灰比例为 8 ∶ 2 时失重量最大为 4. 84g，实际失重率为 40. 33%，与热重分析结论一致。

表 6-7　焙烧前后样品的失重量和失重率

名　　称	失重量/g	失重率/%
80%污泥+20%除尘灰	4. 84	40. 33
60%污泥+40%除尘灰	4. 28	35. 67

焙烧后产物的 XRD 分析如图 6-38 所示，扫描角度范围 10°~90°，扫描速度为 4（°）/min。酸洗污泥与除尘灰配比为 8 ∶ 2 时的产物的结晶相有 CaF_2、Fe_2O_3、Fe_3O_4、$ZnFe_2O_4$、Ca_2SiO_4；酸洗污泥与除尘灰配比为 6 ∶ 4 时的产物的结晶相有 CaF_2、Fe_2O_3、FeS、xCaO · $y Al_2O_3$ · $z CaF_2$。

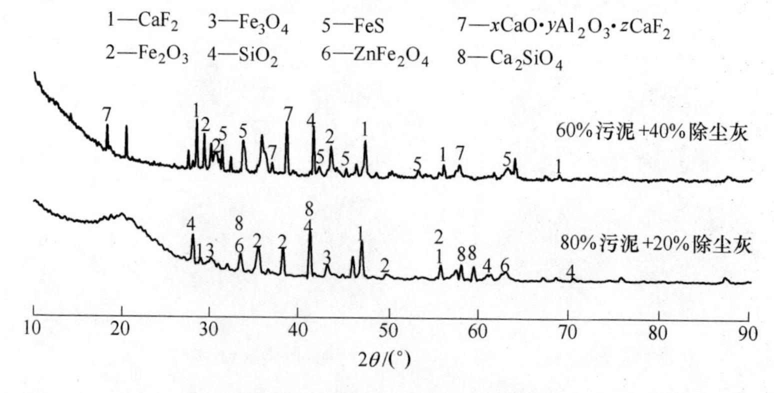

图 6-38　焙烧产物 X 射线衍射分析

焙烧产物 XRF 结果见表 6-8。

表 6-8　焙烧后 XRF 分析　　(wt. %)

名　称	Al	Ca	Cr	F	Fe	Mg	Mn	Ni	S	Si	Zn	C
80%污泥+20%除尘灰	4. 39	18. 40	3. 57	7. 06	25. 74	0. 18	1. 38	0. 76	3. 29	1. 68	0. 06	0. 14
60%污泥+40%除尘灰	3. 31	19. 26	2. 73	3. 08	27. 56	0. 29	1. 05	0. 60	4. 28	2. 53	0. 01	0. 25

不锈钢酸洗污泥与除尘灰比例为 8∶2 时残渣中 S 含量较 6∶4 时低，Fe 含量低，Cr、Ni 含量高，F 含量高，说明焙烧过程中部分硫被脱除，脱硫率为 75. 07%，Fe、Cr、Ni 回收率分别为 91. 24%、70. 68%、67. 11%，Zn 的脱除率最高为 99%。

6.5　小结

热力学计算酸洗污泥加入铁液/钢液后，污泥中 Fe、Cr、Ni 全部进入铁液，Fe、Ni 进入钢液，Cr 进入钢液的量先升后降。随污泥的加入，S 会进入铁液及钢液中，污泥返回冶炼环节再利用存在预处理脱硫的必要性。

酸洗污泥脱硫实质为 $CaSO_4$ 在复杂成分或还原气氛及高温共同作用下分解为 SO_2 脱除。热力学计算在惰性环境中，污泥中 $CaSO_4$ 分解脱硫终温在 1400℃以上；采用 C 作为还原剂时，不同 C 含量对 $CaSO_4$ 分解影响不同，配碳量为 0. 5%～0. 8%时，脱硫终温在 1000℃左右，配碳量低于 0. 5%或高于 0. 8%，脱硫终温在 1400℃以上。

高温焙烧实验结果表明，在 1400℃惰性环境下焙烧，脱硫率为 78. 74%；以碳为还原剂（配碳量为 0. 8%）在 1000℃焙烧时，脱硫率最高达 91. 62%。

酸洗污泥脱硫过程采用 FWO 法、FWO 迭代法和 Vyazovkin 法计算的活化能基本一致，平均活化能 $\overline{E}=492.9097$ kJ/mol。利用 41 种机理函数代入 Satava-Sestak 法中，契合度最高的机理函数为 Avrami-Erofeev，机理为随机成核和随后生模型，活化能为 477. 6499kJ/mol，指前因子为 3. 6293E+19s^{-1}，动力学方程为：$\frac{d\alpha}{dT}=3.6293\times10^{19}\times\frac{5}{2}(1-\alpha)[-\ln(1-\alpha)]^{\frac{3}{5}}\exp\left(\frac{477.6499}{RT}\right)$。

酸洗污泥与高炉除尘灰的比例为 2∶8 时，逸出 SO_2 的温度最低，在 800℃左右。酸洗污泥与除尘灰比例为 8∶2 时残渣中 S 含量较 6∶4 时低，脱硫率为 75. 07%，Fe、Cr、Ni 回收率分别为 91. 24%、70. 68%、67. 11%，Zn 的脱除率最高为 99%。

参考文献

[1] 侯鹏. 不锈钢酸洗污泥中复杂金属的资源回收集成技术研究 [D]. 南京：南京大学，2012.

[2] 李小明，尹卫东，沈苗，等. 铬镍不锈钢酸洗污泥还原预处理脱硫动力学 [J]. 钢铁，2018，53 (2)：83-90.

[3] 王振阳，张建良，刘征建，等. 高炉与 KR 双流程联动优化脱硫 [J]. 钢铁，2017，52 (2)：5-9.

[4] 江腾飞，朱良，刘风刚，等. 铁水预处理脱硫渣铁回收再利用 [J]. 钢铁，2017，52 (2)：24-27.

[5] 范红宇. 不同气氛下高温固硫产物硫酸钙和硫化钙相互转化机理研究 [D]. 杭州：浙江大学，2004.

[6] 陈升，刘少文. 氢气还原分解硫酸钙的热力学研究 [J]. 化学工业与工程技术，2012，33 (5)：7-11.

[7] 徐仁伟. 焦炭及其杂质对硫酸钙热解过程影响的研究 [D]. 上海：华东理工大学，2011.

[8] 燕春培，郁青春，刘大春，等. 真空碳热还原分解硫酸钙热力学分析及实验探究 [J]. 真空科学与技术学报，2014，34 (5)：517-521.

[9] 张雪梅，徐仁伟，孙淑英，等. 硫酸钙的还原热分解特性研究 [J]. 环境科学与技术，2010，33 (S2)：144-148.

[10] Yan Zhiqiang，Wang Ze'an，Wang Xiaofeng，et al. Kinetic model for calcium sulfate decomposition at high temperature [J]. Transactions of Nonferrous Metals Society of China，2015，25 (10)：3490-3497.

[11] Li Xiaoming，Lv Ming，Yin Weidong，et al. Desulfurization thermodynamics experiment of stainless steel pickling sludge [J]. Journal of Iron and Steel Research International，2019，26 (5)：519-528.

[12] 沈苗. 不锈钢酸洗污泥预处理中硫的迁移规律研究 [D]. 西安：西安建筑科技大学，2017.

[13] Nobuyoshi Koga. Ozawa's kinetic method for analyzing thermoanalytical curves [J]. Journal of Thermal Analysis and Calorimetry，2013，113 (3)：1527-1541.

[14] Takeo Ozawa. Thermal analysis-review and prospect [J]. Thermochimica Acta，2000，355 (1)：35-42.

[15] Charles D Doyle. Integral methods of kinetic analysis of thermogravimetric data [J]. Macromolecular Chemistry and Physics，1964，80 (1)：219-225.

[16] Gao Zhiming，Masahiro Nakada，Iwao Amasaki. A consideration of errors and accuracy in the isoconversional methods [J]. Thermochimica Acta，2001，369 (1)：137-142.

[17] Gao Zhiming，Wang Huixian，Masahiro Nakada. Iterative method to improve calculation of the pre-exponential factor for dynamic thermogravimetric analysis measurements [J]. Polymer，2006，47 (5)：1590-1596.

[18] Vyazovkin Sergey. Some basics en route to isoconversional methodology [M]. Berlin：Springer，

2015：1-23.

[19] 庞建明，郭培民，赵沛，等．低温下氢气还原氧化铁的动力学研究［J］．钢铁，2008，43（7）：7-11.

[20] Jaroslav Šesták，Pavel Hubík，Jiří J Mareš. Historical roots and development of thermal analysis and calorimetry［M］. Berlin：Springer，2011：347-365.

[21] Jaroslav Šesták. Rationale and fallacy of thermoanalytical kinetic patterns［J］. Journal of Thermal Analysis and Calorimetry，2012，110（1）：5-16.

[22] 胡荣祖．热分析动力学［M］. 2 版．北京：科学出版社，2008.

[23] 贾李锋．不锈钢酸洗污泥与高炉除尘灰共热脱硫与有价金属富集研究［D］．西安：西安建筑科技大学，2019.

7 总结与展望

本书针对不锈钢酸洗污泥的物化特性进行了比较系统的基础研究，基于将酸洗污泥在冶金企业自身消纳的技术思路，对酸洗污泥作为烧结配料、电炉造渣剂以及氩氧精炼炉渣料进行了热力学分析及实验探究，并对酸洗污泥脱硫的热动力学进行了深入研究。具体内容总结如下：

（1）酸洗污泥物化特性。

不同企业的酸洗污泥外观有黑色板结颗粒状、黄色松散板块状、褐色球形黏结状等，微观结构有海绵状、板条状、颗粒状等。污泥中有价金属（Fe、Cr、Ni）含量较高，其中 Fe 为 15.5%~32.6%、Cr 为 2.69%~4.73%、Ni 为 0.48%~2.4%、S 为 0.25%~6.03%、F 为 6.26%~9.76%，污泥成分复杂，变化范围宽。污泥中既有结晶相又有非结晶相，其中 Fe、Ni、Cr 以氧化物形式存在，S 以 $CaSO_4 \cdot 2H_2O$、F 以 CaF_2 形式存在，且还夹杂其他杂质。

污泥粒度差距明显，其中宝钢污泥粒度最小，粒径总体集中在 20μm 级以下，泰钢污泥与太钢污泥粒度相近，分别集中在 25~100μm 和 50~150μm 范围，张浦粒径最大，粒径集中在 50~350μm。

污泥的熔化温度差异较大，软化温度从 906℃ 至 1223℃ 不等，半球温度从 1205℃ 到 1476℃ 不等，流淌温度从 1217℃ 至 1500℃ 不等。宝钢酸洗污泥 1450℃ 时黏度为 0.145Pa · s。

宝钢酸洗污泥含水率较低，300℃ 时仅失重 12.7%，泰山钢铁和太钢的酸洗污泥含水率居中，分别为 21.4% 和 28.3%，张浦酸洗污泥含水率高达 50.6%。

（2）酸洗污泥预处理脱硫及有价金属回收研究。

热力学计算酸洗污泥加入铁水中后，污泥中有价元素 Fe、Cr、Ni 基本全部进入铁液；与钢液平衡时，仅 Fe、Ni 进入，Cr 有一定耗损；污泥中 S 主要进入铁液和钢液。因此要返回利用酸洗污泥，必须预先脱除其中 S 元素。

酸洗污泥脱硫实质上通过 $CaSO_4$ 分解来实现。在惰性环境中，$CaSO_4$ 分解终温在 1400℃ 以上；采用 C 作为还原剂时，配碳量为 0.5%~0.8% 时，脱硫终温在 1000℃ 左右，配碳量低于 0.5% 或高于 0.8%，脱硫终温在 1400℃ 以上。

惰性环境 1400℃ 下脱硫率为 78.74%。采用 C 作为还原剂进行焙烧实验，1000℃ 下脱硫率在配碳量为 0.8% 时达到 91.62%。

（3）酸洗污泥用作烧结配料研究。

酸洗污泥配加比例小于 10%，有利于降低铁矿粉液相开始生成温度，在 1050~1200℃液相大量生成并提高烧结液相流动性。适当提高碱度有利于提高铁矿粉烧结液相生成量，改善液相生成特征温度。

CaO-SiO_2-Fe_2O_3-MgO-Al_2O_3-CaF_2 体系液相区呈长条带状，过多的酸洗污泥配加比例（大于 15%）使得液相区向 SiO_2 方向移动，不利于铁矿粉烧结液相的生成；铁矿粉配加酸洗污泥在低温（1200~1250℃）下烧结有利于铁酸钙的生成。适宜的碱度（1.5~2.0）有利于烧结液相和铁酸钙的生成。

铁矿粉配加酸洗污泥在烧结过程中 S 主要以 SO_2 气体形式存在，而 F 元素主要以枪晶石（$Ca_4Si_2F_2O_7$）形式存在，提高碱度和烧结温度有助于抑制枪晶石的生成；Cr 元素主要以 Cr_2O_3 存在于烧结液相中，提高碱度和烧结温度使得酸洗污泥中的 Cr_2O_3 熔化进入烧结液相；配加比例和碱度是影响烧结过程中 SO_2 总量的主要因素。

酸洗污泥配加比例小于 5%，对铁矿粉液相流动性影响较小。

酸洗污泥配加比例和碱度对黏结相强度有影响，不宜控制过高。酸洗污泥配加比例为 10%，试样中赤铁矿、磁铁矿含量最大，枪晶石含量较小。

酸洗污泥能够改善烧结矿质量，酸洗污泥配加比例为 5%~10%、碱度 1.5~2.0 时，烧结矿矿相组成和微观结构最好。合理优化碱度和酸洗污泥配加比例，铁矿粉配加酸洗污泥利用是可行的。

（4）酸洗污泥用作炼钢造渣剂研究。

将不同比例预熔造渣剂和酸洗污泥加入废钢中熔化，吹氧熔炼时，铁、镍、铬回收率较高，且预熔造渣剂与低硫酸洗污泥比例为 1∶1 时，钢液中 Cr、Ni 回收率最高，分别为 66.04%、97.9%。低硫酸洗污泥作为造渣剂对钢液中的硫无影响，而高硫酸洗污泥吹氧熔炼时钢液出现大量增硫，因此高硫酸洗污泥必须进行预处理脱硫后，才可作为造渣剂加入到电炉。

低硫污泥配入 AOD 炉对钢液中的硫含量影响不大，而高硫污泥加入 AOD 精炼不同时期，钢水中硫含量均有不同程度的增加；因而酸洗污泥用作氩氧精炼炉渣料加入 AOD 炉时，应严格控制其加入量，避免添加污泥带来的钢中硫含量超标问题。

（5）酸洗污泥脱硫动力学研究。

对酸洗污泥脱硫过程进行了动力学数据处理，FWO 法、FWO 迭代法、Vyazovkin 法活化能结果基本一致，平均活化能 $\overline{E}=492.9097$ kJ/mol。利用 41 种机理函数带入 Satava-Sestak 法中，找出了契合度最高的机理函数为 Avrami-Erofeev，机理为随机成核和随后生长模型，活化能为 477.6499kJ/mol，指前因子为 $3.6293E+19s^{-1}$，动力学方程为：

$$\frac{d\alpha}{dT}=3.6293\times10^{19}\times\frac{5}{2}(1-\alpha)[-\ln(1-\alpha)]^{\frac{3}{5}}\exp\left(\frac{477.6499}{RT}\right)$$

（6）酸洗污泥与高炉除尘灰共热脱硫。

酸洗污泥与除尘灰的比例为 6∶4、7∶3、8∶2 时，升温过程失重量较大，分别为 35.5%、37.0%、39.0%。高硫污泥与布袋除尘灰的比例控制为 2∶8 时，逸出 SO_2 的开始温度最低，大约在 700℃左右。高硫酸洗污泥与布袋除尘灰焙烧比例为 8∶2，1200℃焙烧 3.5h 后，样品的脱硫率为 75.07%，Fe、Cr、Ni 回收率分别为 91.24%、70.68%、67.11%，Zn 的脱除率最高为 99%。

展望未来，我们应该注意到，固废的利用作为国家重大战略布局之一，资源化利用不锈钢酸洗污泥也是大势所趋。未来不锈钢酸洗污泥的处置应从资源化利用的角度出发，以直接返回生产循环利用为重点方向，应加强对不锈钢尘泥中的氧化钙等组分高效利用和生产过程的节能减排，将有价元素的回收利用与含铬固体废弃物脱毒，以及熔剂成分的综合利用相结合，重点布局在冶金企业内部闭路循环，或作为烧结及球团配料用于高炉生产，或作为炼钢造渣剂利用，以实现酸洗污泥中的有价金属元素回收与熔剂成分利用，以及有毒固废环保利用的双重目标。